奋进的五年

环保科普大学生在行动

FIVE YEARS

COLLEGE STUDENTS VIGOROUSLY ACTING IN
ENVIRONMENTAL PROTECTION POPULARIZATION

李友平　胡颖铭　罗杰伟　唐　娅　朱晓华 / 主编

中国环境出版集团·北京

图书在版编目 (CIP) 数据

奋进的五年：环保科普大学生在行动 / 李友平等主编 .
—北京：中国环境出版集团，2020.6
ISBN 978-7-5111-4359-4

Ⅰ.①奋⋯ Ⅱ.①李⋯ Ⅲ.①环境保护—普及读物
Ⅳ.① X-49

中国版本图书馆 CIP 数据核字（2020）第 109892 号

出 版 人　武德凯
责任编辑　宋慧敏
责任校对　任　丽
封面设计　宋　瑞

出版发行　**中国环境出版集团**
　　　　　（100062　北京市东城区广渠门内大街 16 号）
　　　　　网　　　址：http://www.cesp.com.cn
　　　　　电子邮箱：bjgl@cesp.com.cn
　　　　　联系电话：010-67112765（编辑管理部）
　　　　　　　　　　010-67112738（第六分社）
　　　　　发行热线：010-67125803，010-67113405（传真）
印　　刷　北京建宏印刷有限公司
经　　销　各地新华书店
版　　次　2020 年 6 月第 1 版
印　　次　2020 年 6 月第 1 次印刷
开　　本　787×960　1/16
印　　张　16
字　　数　226 千字
定　　价　58.00 元

中国环境出版集团郑重承诺：

中国环境出版集团合作的印刷单位、材料单位均具有中国环境标志产品认证；
中国环境出版集团所有图书"禁塑"。

编委会

主　编：李友平　　胡颖铭　　罗杰伟　　唐　娅　　朱晓华

成　员：卢佳新　　卢永洪　　廖运文　　任丽平　　黎云祥
　　　　杨　艳　　任兆刚　　田玉萍　　杜　彬　　李仁强
　　　　方国强　　张　翼　　刘　涛　　何正胜　　罗　靖
　　　　李　丹　　唐兵兵　　李帅东　　彭　丹　　刘　欢
　　　　唐燕丽　　张　萍　　赵陈慧　　曾　超　　韩定美
　　　　杜长芬　　潘丽旭　　王维甫　　刘　良　　刘雅琳

撰稿人：卢佳新　　胡颖铭　　杨　艳　　李友平　　唐　娅
　　　　朱晓华　　田玉萍　　李仁强　　方国强　　张　翼
　　　　杜　川　　李　丹　　罗　靖　　张　萍　　马巧璐
　　　　赵陈慧　　周抑杨　　王春莲　　曾　超　　韩定美
　　　　唐　敏　　赵碧琳　　幸华秀　　李孟林　　卿雨晴
　　　　杜长芬　　达玉锋　　周琦力　　潘丽旭　　王维甫
　　　　张赖敏　　贾桂萍　　王　可　　周玉婷　　褚　夕
　　　　青佳明　　蒋银川　　赖敏锐　　袁　浩　　刘雅琳
　　　　陈　兰　　李　洪　　苏兴玲　　赖欣玥　　陈诗颖
　　　　李　敏　　刘漫琦　　郑翔文　　陈　欣　　黄若萍
　　　　廖焓伶　　邓颖颖　　邓　玥　　刘　佳　　缪琳琳
　　　　缪　阳　　唐艺嘉　　赵琦美

i

前　言

　　2019 年的暑期，我和 24 名大学生志愿者一起到达了 2019 年西华师范大学"大学生在行动环保科普活动"驻地——阆中市天宫乡中心学校，翻开由中国环境科学学会、四川省环境科学学会寄送的宣传资料时，发现有一本名叫《美源于心　境成于行》的书。这本书讲述了 20 年来老师、学生、家长参与"美境行动"环境教育项目的实践与思考。这本书让我想到了连续五年的环保科普活动，激发我构思《奋进的五年——环保科普大学生在行动》这本书，目的是记录和分享众多参与暑期环保科普活动的老师、大学生、中小学生的难忘故事，帮助更多的大学生借助这个平台更好地开展暑期环保科普活动。于是，我联系参与指导大中小学生的各位老师、倾情投入的大学生和"小手牵大手"的中小学生，请他们写稿子、交照片。经过半年的构思、收集、整理、编辑，书稿初稿基本完成。通读初稿，思绪万千，很多人、很多事历历在目。能与各位环保同仁一道，指导大中小学生开展环保科普活动，为美丽中国和生态文明建设作点贡献，甚感欣慰。

　　五年来，有 30 名大中小学教师、156 名大学生志愿者和 20 名中小学生志愿者，走进南充市顺庆区、营山县、蓬安县、仪陇县和阆中市 61 个行政村，开展了 5 年、每年 7 天的环保科普活动。环保科普活动驻地都选在中小学，这样志愿者的食宿得以解决，在确保学生安全的同时，大家能全身心地投入暑期环保科普活动，实现锻炼学生、宣传学校、传播环保、服务地方的目标。线下环保科普活动形式有开幕式、闭幕式、进村入户宣传、张贴发放宣传资料、广播、舞蹈、绘画、环保课堂、座谈、参观、换灯泡、送图书和书架、诗歌、朗诵、魔术等，线上通过微博、微信、QQ群、网站、抖音等方式广泛传播环保理念，影响人群覆盖老人、儿童、妇女、乡镇干部等，超过 20 万人次。

教师、大学生、中小学生在参与环保科普活动中，不断学习，不断提高，不断传播，为生态环境保护贡献自己的力量。全书包括 11 名教师指导大学生环保科普活动的经历、36 名大学生参加环保科普活动的体会、11 名中小学生参与环保科普活动的感想以及 10 篇相关媒体报道，内容丰富，情真意切，可供大中小学生及其教师开展环境教育、生态环境科普、生态文明教育和可持续发展教育参考。

感谢中国环境科学学会、四川省环境科学学会、西华师范大学各位领导的关心，感谢南充市各中小学及当地党委、政府的支持，感谢西华师范大学环境科学与工程学院、环境教育中心的参与。

李友平

2020 年 3 月

目 录

▶▶▶ 教师指引

01
持续开展"大学生志愿者千乡万村环保科普行动"

中国环境科学学会　卢佳新

　　"大学生志愿者千乡万村环保科普行动"是"千乡万村环保科普行动"的核心。"千乡万村环保科普行动"是由原国家环境保护总局批准，中国环境科学学会主办的一项大型科普公益活动，2003年起在全国范围内开始推广。2007年，在总结五年经验的基础上，活动的重点改为发动大学生志愿者进乡入村开展活动。经过十多年的发展，活动从最初以北京大学、清华大学、北京师范大学、中国农业大学等在京高校参与为主，发展为现在全国范围内超过 100 所高校参加，年参与活动人数超过 10 000 人次，开展活动超过 1 000 场，形成较大的规模效应，实实在在地为环保知识在农村的传播作出了贡献。

活动先后被写入国务院办公厅印发的《全民科学素质行动计划纲要实施方案（2011—2015 年）》和《全民科学素质行动计划纲要实施方案（2016—2020 年）》，多次入选《全民科学素质行动计划纲要》实施优秀案例等，切切实实成为环保领域农村科普工作的一面旗帜。

十几年来，"大学生志愿者千乡万村环保科普行动"的内涵和活动形式都在不断丰富，志愿者的群体不断扩大，每年都有众多青涩、新鲜的面孔加入。作为全国活动的组织者、见证者，我最大的遗憾是从来没有直接到过一线、到过农村去参与现场活动，但是从历年来众多小分队、志愿者提交的总结、活动剪影和视频材料中体现出来的青春热情和优秀精神品质，令我印象深刻，一直鼓励着我继续以饱满的热情投身农村环保科普工作中。

奉　献

赠人玫瑰，手有余香。奉献，方便了别人，提升了自己；奉献，激励了他人，也鼓舞了自己。大学生志愿者奉献了自己的时间、知识和热情，我们无法统计和计算这种奉献能够给农村环境的改变带来多少积极的效果，但是我们可以从一张张活动剪影中，从孩子和老人的笑脸中看到整个过程带来的快乐。记得 2008 年汶川地震后的暑期，北京林业大学翱翔社的多支小分队不畏艰辛，深入震区一线，克服重重困难，在临时搭建的帐篷中给震区受灾的小学生一边补习功课，一边传播环保知识，画面中光线昏暗、桌椅破旧，但是志愿者穿着朴实绿色的 T 恤，一脸阳光、认真，每每回想起来都让人心头一暖。

创　新

创新不仅仅是在科研生涯中体现，创新还可以体现在社会的各个方面。在组织活动的前几年，我们更多看到的是活动组织体系逐步规范化，小分队的组建越来越合理，人员素质不断提高，能够很好地完成活动设置的规定动作。随着活动的深入开展，我们欣喜地看到，面对我国众多具有地方特色的农村环境问题，活动组织者开始能够在完成规定动作的基础上，结合当地需求和自然条件，不断创新活动的形式，让活动更具吸引力，更能够深入人心，而不是千篇一律、死板地照葫芦画瓢。有个小分队，在赶赴活动地点的途中，需要坐很久的火车，小分队没有浪费在火车上的时间，而是精心制作了宣传材料，创作了小节目，在火车上开始了宣传，既丰富了枯燥的火车旅程，也传播了科学知识，值得肯定和鼓励。

责　任

志愿活动，体现的就是一种责任。作为青年，尤其是即将步入社会的在校大学生，需要了解我们的国家，了解我们的社会，尤其是在城镇化发展加速的当代，更需要深入农村一线，切身体会了解我国基础相对薄弱的农村环境状况。一方面，能够主动参与活动，就是对自己、对社会负责的一种表现。更重要的一方面，因为看到了、体会到了农村环境的状况，以及农村留守人员对知识的渴望、对发展的迷茫，更能够激发青年在未来投身社会建设发展的主人翁意识和社会责任。责任作为一种抽象的概念，通过在实践中自身价值的认同和提升，更加具象地在青年的心中获得认知和升华。

回顾多年来的活动，作为不求回报的志愿者，为了美丽中国的建设，义无反顾地参与到这项活动中，我们应该给予最直接的赞扬。但是，我们需要承认我们的组织工作中仍有很多不尽如人意的地方，这中间有客观的原因，也有主观的因素。客观的原因包括体制、机制的限制和经费的限制，主观的因素包括组织者的水平有待提高、思路想法需要更新、热情需要持续等。

希望即将加入的志愿者能够继续发扬志愿精神，创新活动内容；已经毕业的志愿者不管从事什么行业、什么岗位，这种志愿精神能够继续传承并发挥作用；更希望还没有参加活动的大学生，积极加入志愿队伍中来。相信"大学生志愿者千乡万村环保科普行动"的志愿精神一定会为美丽中国的建设添上浓墨重彩的一笔！

我们的成长故事——从青涩走向成熟

四川省环境科学学会　胡颖铭

　　2015 年是一个起点，一个属于四川省"大学生志愿者千乡万村环保科普行动"的起点。四川省环境科学学会作为全省最大的环境类科技社团，在这一年积极响应中国环境科学学会的号召，在全省开始召集和动员有意愿的高校参与"大学生志愿者千乡万村环保科普行动"。我很庆幸自己是这项活动的亲历者，见证了"她"从青涩走向成熟，见证了生态环保知识普及走进天府之国的广大农村、进入基层老百姓的视野，见证了许多青春洋溢的志愿者走上环保科普传播的行列。

你得先踏出第一步，才能迎来蜕变和升华

四川省"大学生志愿者千乡万村环保科普行动"的元年，参与高校仅仅只有3所——西华师范大学、成都理工大学、四川农业大学。虽然参与队伍单薄，但力量不容小觑，大家都铆足劲，充分发挥主观能动性，八仙过海各显神通，结合地方特色，有的发放环保菜篮子，有的进行 $PM_{2.5}$ 监测，有的赠送"流动环保书架"。第一年活动就引起了许多媒体的关注，赢得了当地村民的肯定。就这样，这项活动从此在四川大地上扎了根、发了芽。

路已在前方，我们的脚步坚定有力

我到学会任职时，学会仅有4名工作人员，时间和精力都非常有限，但我们从未想过要放弃这项工作，想的是不仅要将活动搞起来，更要越搞越好。一是希望吸引更多的大学生志愿者参与这个活动，深入基层，发挥他们的专业优势，传播生态环保科学知识，让保护生态环境不只是口号，让活动效果落到实处；二是希望通过活动反哺大学生志愿者，让他们在活动中感受快乐、体验责任，更加理解推动环保工作的不易。同时，学会借此机会深入了解四川农村生态环境现状，摸清农村突出环境问题，对开展农村环保科普工作的重点和方向有更加明晰的认识。

2016年7月7日，就在学会五楼会议室，四川省"大学生志愿者千乡万村环保科普行动"又一次起航，这是四川省首次举办这项活动的启动仪式暨培训交流会，参加的组织单位从3家增到5家，志愿者坐了满满一屋，每个人脸上的笑容如阳光一样灿烂，对即将深入基层开展的活动充满期待。从此，学会每年都举办启动仪式和交流会，这个活动在四川省开始走向常态化、正规化。

凝心聚力，我们在行动。每年的启动仪式不仅仅是一种形式，而且承

载着学会、组织单位以及志愿者的期待和动力，既是行动前的鼓舞，也是"大学生志愿者千乡万村环保科普行动"精神的传承和延续。当志愿者接过队旗的那一刻，接过的是沉甸甸的责任。

那一刻，我们蓄势待发！那一刻，我们在向全国发声——我们也在行动！

环保科普之路如红军长征，远且艰难

学会深知环保科普之路不易，在有限的人力、物力下，唯有全情投入、精心组织，才能不负志愿者的赤诚之心。从活动开始到结束，学会都会安排专人负责跟进活动执行，协调安排落地单位，提供技术帮助和后勤保障，支持和鼓励每一位志愿者，记录活动的点点滴滴，全方位宣传报道、扩大影响力。

2018年暑期，学会更是扮演双重身份，既是活动的组织者，又是实地活动的践行者。我们自建了一支环保科普队伍，选择前往全国最大的彝族聚居区——凉山彝族自治州，进行生态环保科普宣传，助力"精准扶贫"。看着一双双对知识充满好奇的眼睛，我愈加坚定要将生态环保科普知识的火种播撒到贫瘠落后的地方。学会赴全国最大彝族聚居县——昭觉县，用环保科普助力"精准扶贫"的行动登在《生态环境部环保工作动态》（2018-09-30），得到了生态环境部领导的认可和赞许，我们的团队也因此倍受鼓舞，更加相信大家的努力是值得的。

汗水、坚持和信念，让环保科普在
这片土地上开出最美的花

随着这项活动影响力的日益扩大，新鲜血液不断注入。2019年不仅有7所高校，还有1个环保社团以及1个国家生态环境科普基地成为实施单位。

时至今日，这项活动在四川省已走过五个年头，参与实施的单位有9个，共组建了87支科普队伍，召集了全国各地50余所高校866名大学生志愿者，走入200多个村庄，直接科普覆盖人数达3万多人。这些数字有温度、有情怀，饱含着四川省"大学生志愿者千乡万村环保科普行动"从无到有、一路前行的成长历程，饱含着无数志愿者的汗水、坚持以及信念！

虽然四川省不是最早开展这项活动的省份，但我们是最卖力投入、最享受整个过程的奋起者，一直保持着不断创新和不曾松懈之心。我们依托当地的乡村资源、人文民风，因地制宜，围绕留守儿童、妇女、老人、乡镇干部，普及环保、健康、安全的生活理念和技巧，策划开展农村大讲堂、环保DIY、环保调查问卷、环境实时监测等科普活动，赢得了当地村民的信任和肯定。学会连续三年被评为"大学生志愿者千乡万村环保科普行动优秀组织单位"。

从"学会＋高校"到"学会＋N"，联合让这项活动走得更远

经过五年的发展，四川省已建立起"学会＋高校＋地方政府＋媒体"的联合模式。学会作为第一组织单位，统筹部署、全面协调、全力推进，地方政府承担活动场地落实、志愿者住宿、安全保障等工作，高校志愿者积极主动投身环保科普活动。特别是在媒体平台方面，已形成多媒体矩阵内容输出、资源共推的裂变传播方式。

活动有温度、参与有力量，一纸证书鼓励更多参与者

一路走来，有一群人一直保持着初心，他们坚持用自己的行动影响更多的人，温暖着在这条路上前进的你和我！

有高校指导教师李友平、唐娅、许仁杰、王小宁等，是他们师者先行默默奉献，亲自带领着几十位志愿者深入基层，一点一点地改变，一寸一寸地覆盖。还有独立带领小分队深入偏远藏区宣传生态环保科普知识的谢非等大学生志愿者，是他们用自己的专业和热情感染着村民。

学会每年都会对表现突出的参与单位、指导教师、小分队、环保社团、大学生志愿者进行表彰，感谢他们无私的奉献，放弃暑期、不辞辛苦，走村入户播散环保的种子。更希望通过表彰，勉励更多的单位和个人加入我们的行动，带来更多奇思妙想的环保科普活动。

踏上新征程，"大学生在行动环保科普活动"续写新篇章

未来，我对"大学生在行动环保科普活动"有更多的期许，我希望能动员川内更多高校参与，相信会有更多的团队加入我们这个大家庭，愿意为美丽四川贡献自己的一份力量。

最后，向五年来参与四川省"大学生志愿者千乡万村环保科普行动"的组织单位、指导教师、志愿者以及给予我们活动支持的单位和个人表示真诚的谢意！

凝聚环保磅礴之力　助力城南美丽前行

西华师范大学环境科学与工程学院　杨艳

　　那个笑声明朗的夜晚，仍然停留在脑海中，停留在那个美丽的城南……

　　2016年的那个夏天，与志愿者们在四川省南充市营山县城南二小参加"大学生志愿者千乡万村环保科普行动"的那些日夜，回想时仍然历历在目、清晰可见。与以往不同的是，在此次活动开展之前，我们有幸联系到了当地的一所小学——城南二小，活动得到了当地政府及学校的大力支持。因此，整个活动期间，我们都住在城南二小的宿舍里，于孩子们播种绿色种子，于村民们传播环保理念，于大地播撒绿色希望。

环保课堂播种绿色种子

考虑到驻扎在城南二小，我们在整个活动过程中开设了环保小课堂，通过前期的活动宣传，吸引当地的小学生在白天来到学校，由志愿者们给这些到来的小朋友开启环保小课堂。教室里没有电脑投影等大家眼中很普通的电子设备，有的只是两块黑板、几张木头方桌和凳子。教室后面黑板上画着的黑板报还没擦掉，黑板上画着一个小女孩在埋头苦读，那或许不仅仅是一张图，更是这个小山村里的孩子们对知识的渴望和对外面世界的向往。

这里的孩子大部分都是留守儿童，在听说要开展这个环保小课堂的时候，脸上都洋溢着灿烂的笑容，是好奇，也是渴望，但一开始的时候大都很紧张，只是默默地听我讲。尤其是8岁的小女孩莹莹，深深地触动了我，她每天都来参加环保课堂，但开始的两天我都注意到莹莹几乎没说过话，只是默默地听我讲。后来了解到她的爸爸妈妈在外打工，过年才回家一次，甚至有时过年也不能回家，是村里突出的留守儿童，我便特别关注了她。我会注意交谈时和她进行眼神交流，会单独询问她并肯定她，让她肯定、接受并信任我，增强她的自信心。我和志愿者们一起带领孩子们认识校园内的植物，由志愿者们给孩子们讲解完这里的一草一木之后，和孩子们一起动手为这里的草木制作铭牌并亲自挂牌。在得知环保小课堂的内容时，大多数孩子都表露出欣喜与激动，当初以为这仅仅是他们对新鲜事物的好奇，直到结束之时，寇杰小朋友说"环保不是玩儿，是用心"，得到了大家的一致认可和称赞。

在随后的几天里，孩子们会来到学校里，志愿者们会趁着休息的时候手把手教会孩子们利用废物制作环保手工艺品，让这里的孩子首次感受到何为环境、何为环保，帮助他们认识到环境的重要性，在他们心中种下绿色希望的种子，助力我国的环保事业焕发出生机与活力。

节能灯泡点亮绿色希望

活动前期，在志愿者们的积极筹备下，爱心企业支持赠送了 300 只节能灯。伴随着志愿者们的一步步走村入户，这些节能灯进入了老百姓的家中，环保理念也深入村民心中。

骄阳烈日是对志愿者们的考验。在一户农家，家养的狗对着我们狂吠，这时候，一位老奶奶走了出来招呼我们，我们向老人家说明来意之后，老人家看到我们满头大汗，便将我们带进了屋内，还将自家的梨拿出来给我们解渴，让我们等两分钟，爷爷和孙子去屋后面的井里挑水去了。一会儿，老爷爷和孙子摇晃着回来啦，我们在拿出节能灯给爷爷家里换上之后，拿出事先准备好的环保科普宣传册给爷爷奶奶和孩子讲起了环保知识。孩子看上去八九岁的样子，盯着我手中的宣传册看了很久说："姐姐，姐姐，我也想和你们一起，要怎么样才可以加入你们呢？"从那刻，我便知道，那是一个孩子对知识的向往和对环保事业的热诚，那不仅仅是一盏小小的节能灯，更是点亮环保事业的火苗。所谓星星之火可以燎原，相信可以从这个宁静祥和的城南镇开始，让环保的光照亮大地。

革命故事唤醒少年担当

铭记历史，讲述红色故事，继承先辈遗志。我和六七个孩子一起拜访了村里在家的老人。在革命前辈周爷爷的家中，说明我们的身份和来意之后，爷爷脸上尽是喜色。简单的屋子里还放着当初参加革命时穿过的衣帽，墙上挂着爷爷年轻时候穿军装的泛黄照片。爷爷向我们讲述着革命岁月的故事，孩子们认真聆听，不时发问，是对未知岁月的豪气，更是少年对祖国母亲的满腔热爱。这是我第一次和小孩子一起听"课"，听中华民族的艰辛历程，听那些年的少年责任。

随后，孩子们动起手来，帮周爷爷把屋子和院坝里里外外收拾得干干净净。记得离开之时，爷爷对我说，谢谢我带领这群孩子们来到这片宁静、未知的土地，帮助孩子们忆起中华儿女，唤醒中华儿女心中的少年责任。是的，我也相信，在那个战火纷飞的年代，扛枪前进、奋勇杀敌是少年担当；但在这个和平年代，握紧笔杆、守住环保，助力实现美丽中国也同样是少年责任与担当。

志愿者们夜晚围坐在一起，述说着白天发生的一切，相互交流着改进的地方，又将饱满的热情投入新的一天。

七天六夜，志愿者们带着环保的种子撒向这片土地，又带着对美丽城南的祝福与不舍离去。我坚信，带着志愿者们的祝福，带着孩子们心中的环保种子，带着城南人民的满腔热忱，城南这片土地会越发美丽，华夏这片大地会越发彰显生机与活力。

五年——和大学生一起做环保科普

西华师范大学环境科学与工程学院 李友平

　　2015 年，我第一次带领西华师范大学环境教育协会 36 名志愿者参加"大学生志愿者千乡万村环保科普行动"，记不得是谁告诉我这个暑期环保科普活动平台，但是一做就是连续的五年。查阅微信、微博和网站，暑期环保科普的画面又浮现在脑海里。首先，指导环境教育协会志愿者制订活动方案，选定活动地点。协会理事长李丹、李帅东多次骑自行车去踏勘现场、联系场地，最终确定在南充市顺庆区新复乡，吃住在新复乡小学。蔡强乡长、杜彬校长亲自布置，给予了活动很多的支持。然后，在学校选拔大学生志愿者，按照活动要求，确定36名志愿者参与为期7天的暑期环保科普社会实践，出发前学习活动方案、活动目的和意义、安全知识等内容，准备必要的生活用品。7月8日早上，搭乘乡村公交车来到驻地，一到新复乡小学，同学们就开始收拾床铺、打扫寝室、张贴宣传资料、筹备开幕式，大家都忙起来。通过进村入户宣传环保、环保讲座、魔术表演、制作环保手工艺品、环保绘画等环保科普形式，大学生深入农村接受锻炼，培养吃苦耐劳、无私奉献的精神，向妇女、儿童、老人普及环保、健康、安全的生活方式。

转眼到了2016年暑期，这年"大学生志愿者千乡万村环保科普行动"走进营山县城南镇，36名大学生志愿者驻扎在城南二小，分成环境教育、绿色、绿水青山、生态农业、节能、美丽家园6支小分队。每支小分队由金华希望学校1名教师带领2名小志愿者全程参与活动，实现环保科普"大手牵小手"。在金华希望学校李仁强校长、城南二小张翼校长的帮助下，活动得到营山县生态环境、教育、团委、妇联以及城南镇党委、政府的大力支持。这年的"大学生志愿者千乡万村环保科普行动"在延续2015年以中小学为大本营、乡或镇行政村全覆盖、开幕式及闭幕式、"流动环保书架"、环保课堂等内容和形式的基础上，大学生志愿者招募面广人多、新增2名指导教师、增设6支小分队、当地的大力支持、公司企业赞助、中小学志愿者全程参与等都成为2016年的特色和亮点。大学生志愿者、小志愿者不仅宣传了环保，更锻炼了自身。大学生志愿者罗靖作为学生负责人参与2016年活动，因此第一次有机会到北京领奖，校党委书记王安平在2017届毕业典礼上提到了"'大学生志愿者千乡万村环保科普行动'全国优秀志愿者环境科学与工程学院罗靖"，而且罗靖被推荐到四川省环境科学学会科普部工作。小志愿者们从此成为营山县希望初级中学校创建国际生态学校、开展"生态＋教育"的骨干。

2017年暑期，"大学生志愿者千乡万村环保科普行动"走到蓬安县杨家镇。开幕式在杨家镇小学举行，住宿由杨家镇政府提供，吃饭在镇上的一家餐馆，相对于前两年，吃住条件差一些。但是志愿者们依然精神饱满，战酷暑斗高温，克服各种困难，按照活动方案，出色地完成了环保科普社会实践。记得指导老师朱晓华临时有事耽搁，为了学生的安全，专门请田玉萍老师代班。我们的指导教师都是任劳任怨、尽心尽力，才使得活动圆满完成。闭幕式的时候，雨一直下，最后只有将活动搬到镇政府会议室。大学生志愿者、小学生、指导教师、小学教师、镇政府工作人员齐心协力、密切配合，使活动顺利结束。

2018年，我们打算去红色革命根据地朱德故里——仪陇县马鞍镇，开展"大学生志愿者千乡万村环保科普行动"，几经周折，学校的冯明义处长帮忙联系了当地教育局，驻地确定在马鞍中学。这年的活动志愿者人数由36人减少到24人，分成环境教育、环境监测、环境调查、环保科普、生态农业、绿色心田6支小分队，分别通过问卷调查、环保知识科普宣讲会、走访调查、录制环保视频、开展绿色论坛、环保课堂、广播环保之声、水样监测等丰富多样的活动形式开展环保科普。人数减少，但小分队没有减少，活动内容没有减少，大学生志愿者在做好环保科普的同时，集体参观了朱德纪念馆，接受爱国主义教育。忙碌之余，同学们享受西瓜的冰甜，一天的炎热和疲劳顿时消失。传播方式方面，在微信、网站的基础上，专门在西华师范大学环境教育中心微博上开辟了"2018年千乡万村环保科普行动"话题，访问量突破10万人次。

2019年，"大学生志愿者千乡万村环保科普行动"更名为"大学生在行动环保科普活动"，这年走进阆中市天宫乡，24名志愿者入住天宫乡中心学校。非常感谢南充市阆中生态环境局副局长侯致远对确定活动地点的帮助。为期7天的活动得到了生态环境局、教育局、天宫乡和天宫乡中心学校的大力支持！环境与健康、绿野仙踪、生态环境教育、生态环境监测、生态调查、生态农业、绿色科普、生态笔记8支小分队分别带1名小志愿者，通过走访、发放问卷、环保课堂、舞蹈、绘画、广播、监测等形式开展环保科普，引起村民及社会较大反响。此次活动的开幕式也是 2019 年四川省"大学生在行动环保科普活动"的启动仪式，四川省环境科学学会副会长陈维果出席开幕式并致辞，成都理工大学、四川农业大学、成都纺织高等专科学校的师生也应邀参加。在活动开展期间，西华师范大学党委副书记刘利才一行冒雨看望慰问了师生，充分肯定了大家的工作，叮嘱大家一定要注意安全。天宫乡中心学校何正胜校长非常重视此次活动，做好了吃、住、洗澡、网络、会议室等充分的后勤保障，临近结束的晚上在学校食堂与师生共进晚餐，探讨环境教育、生态环境科普。

锻炼学生、宣传学校、传播环保、服务地方——五年，"大学生在行动环保科普活动"走过南充市顺庆区新复乡、营山县城南镇、蓬安县杨家镇、仪陇县马鞍镇、阆中市天宫乡。下一个五年，我们将走进南充市的南部县、西充县、嘉陵区、高坪区和泸州市的纳溪区。"美丽中国，我是行动者！"

一份讲稿　五年情深

西华师范大学环境科学与工程学院　唐娅

　　人们常常以为记忆是最容易模糊的东西，随着时间的流逝总会慢慢地淡去。可是当我提笔描述我与"大学生志愿者千乡万村环保科普行动"一起走过的这五年，每一个画面却都是如此清晰：那一个又一个热情洋溢的青春面庞，那一次又一次锲而不舍的环保科普，那一份又一份获得肯定的感慨万千，那一幕又一幕感人肺腑的相聚与别离，这一切都会让人心里倍感温暖……

有梦想并为之践行的青春

2016 年，我与"大学生志愿者千乡万村环保科普行动"开启了亲密旅程。虽然已经在 2015 年知道并了解了这一活动，但当我得知要和杨艳老师一起成为该项活动 2016 年的带队教师，要和 36 名大学生一起去乡村小学度过 7 天，要走进乡村小学所在地的村村户户进行环保科普宣传时，说实在的，心里还是非常忐忑的。幸运的是，时任环境教育协会理事长的刘欢是我所带班的学生，我们很熟悉；然后我又非常幸运地在专业课堂上"发掘"到了罗靖；再加上在学院拥有超高人气的团总支、学生分会的吴济佑，我的心里总算是多了几分底气。于是，我们从 4 月开始筹划，5 月开始宣传，6 月开始"招兵买马"……在此期间还去活动开展地两次进行实地调研，我们每周都开会，每个人都在发掘新的得力"干将"，到了7 月，我们已经可以在全校慕名而来的 100 多名志愿者中"优中选优"了。我们的活动得到了学院和学校的大力支持，活动当地的学校、政府也非常欢迎我们前往开展活动，整整 7 天的环保科普活动开展得非常顺利。虽然 7 月的骄阳非常炙热，虽然住宿的条件挺艰苦，虽然乡村里没有便捷的公共交通工具，但同学们却没有一丝抱怨，更没有一丝懈怠，有条不紊地进村入户去宣传环保知识，去为村民更换节能灯，去为当地的小学生们上环保课。全心全意的付出也最终获得了社会各界的认可与赞扬。

会传承并为之奉献的信念

2017 年，又一批更年轻的学子站上了"大学生志愿者千乡万村环保科普行动"的舞台。这些志愿者中，有参加过 2016 年暑期活动的同学张萍，她当时也担任着西华师范大学环境教育协会的理事长，与当时的协会团支书赵陈慧、两委会的周抑杨一起成为了这次活动的骨干力量。同样是从筹划到宣传，再到"招兵买马"，他们也在这火辣的 7 月、在蓬安县杨家镇留下了他们的青春记忆。

2018 年，西华师范大学环境教育协会又迎来了新的理事长曾超和团支书韩定美，还有两委会的李孟林，他们一起挑起了"朱德故里——马鞍"之行的重担，顶着烈日活跃在红色仪陇的大街小巷。这一年，我们还开启了线上活动的宣传方式，一周的时间，微博话题阅读量突破 10 万人次。

2019 年，"铁打的"环境教育协会又来了"流水兵"，第六届理事长杜长芬、团支书潘丽旭、副理事长王维甫和两委会的贾桂萍一起带领了 8 支小分队在美丽的阆中市天宫乡开展了内容更为丰富、形式更为多样的环保科普活动。我们开通了 QQ 直播，上传了活动视频，每天都去村广播站，还和活动所在地的"邻居"——农博馆的志愿者队伍开展了活动联办。

每一年，我们这支环保科普的队伍里的面孔都在变换；每一年，将绿色发展的知识送进千乡万村的信念却永不改变。

将飞扬并为之奋斗的誓言

眼前是激扬的文字，脑海里全是你们斗志昂扬的青春，用 2019 年闭幕式上的发言稿作为此文的结束篇，因为这是我们对未来的誓言。

尊敬的各位领导，亲爱的老师们、同学们：

大家上午好！

我是 2019 "大学生在行动"暑期环保科普活动的指导教师唐娅，非常高兴也非常荣幸能有机会代表我们的团队在这里向各位领导及来宾汇报我们的环保科普活动。

2015 年的夏天，西华师范大学"大学生志愿者千乡万村环保科普行动"在南充市顺庆区新复乡拉开了帷幕；2016 年，志愿者们来到了营山县城南镇；2017 年，蓬安县杨家镇留下了我们的身影；2018 年，红色仪陇——朱德故里马鞍镇活跃着我们的"绿色时尚"；2019 年，我们走进千年古城阆中市天宫乡，"携环保新风，同绘美丽天宫"。

五年来，我们通过广播、微博、微信、QQ等多种途径共招募了来自20多个学院50多个专业的近800名志愿者，并最终组成32支小分队，共计156名志愿者直接参与了"大学生志愿者千乡万村环保科普行动"。

我们的足迹已走过四川省南充市5个区县的64个行政村，走访居民超过1 000户，发放各类环保手册及用品5 000余份，直接科普人群近2万人。不仅仅是在活动当地开展环保科普，我们还积极进行媒体宣传，5次暑期实践中，我们共计发表新闻报道103次、官方微博189条；2018年所发起的微博话题在短短一周的时间内，阅读量就超过了10万人次，2019年这一数字再次被刷新，达到了12.8万人次。

五年的活动经历不仅仅宣传了环保，也让大学生志愿者在活动中得到了锻炼、升华了思想。正如大家耳熟能详的"两山论"，我们也在积极思考：不仅要让老百姓们愿意建设"绿水青山"，更要让老百姓们把"绿水青山"变成"金山银山"。

大学生志愿者不仅仅是绿色发展理念的传播者，更应该是运用专业知识助推绿色产业发展的践行者。所以，2018年，我们为马鞍镇的生态果园宣传了"爱媛"果品；2019年，我们为天宫乡量身打造了生态研学课程。未来的2020年、2021年、2022年……我们将继续走遍南充市的3区1市5县，走遍美丽四川，为美丽中国而努力，为中华民族的伟大复兴而努力！

⑥

绿色青春　你我共前行

西华师范大学环境科学与工程学院　朱晓华

　　生命中出现的每个人、每件事都不是偶然，你永远不知道，下一个路口你会遇见什么！

相遇——"大手牵小手"

　　2015 年，我来到西华师范大学环境科学与工程学院工作，作为学院特色方向之一的"环境教育与科普"已经开展了 5 个年头，这是我第一次与"她"相遇。那时，我与公众一样，对环境教育与科普重要性的认知度还不高，而直观的印象也是"科普太容易""科研比科普高级"。

初为人师，如何做好科研、如何激发学生的专业兴趣、如何引导学生掌握环境污染治理技术是我关注的核心问题。随着教学的深入，我慢慢地发现仅仅引导学生掌握专业技能是远远不够的，意识的培养也是关键。而这都需要实践、需要时间、需要耐心以及持之以恒的付出。

直到 2016 年 4 月，一双大手突然牵动着我往前走："晓华，走！去考察千乡万村环保科普行动地点。"就这样，我跟着环境教育团队踏上了环保科普之路。联系乡镇、联系学校，实地考察，商讨方案，落实细节……调研回来后，我发现李友平老师一谈起环保科普就像打了"鸡血"，无论是学院新进教师，还是政府工作人员，甚至牙科医生、从事飞行器研究的老师，都被他"拉入伙"宣传环保科普。他常常对我讲："晓华，不要觉得环保科普很容易、没有科研高级，环保科普也很重要，环保科普……"，无论是开会之余，还是出差路上，甚至吃饭间隙，就这样我一遍又一遍被"洗脑"，一遍又一遍地刷新我对环保科普的认知。我被他的激情所打动，但是意识的培养远比实践来得慢。

相识——你我共携手

2016 年 7 月，我跟随环境教育团队李友平、杨艳、唐娅 3 名指导老师以及 36 名大学生志愿者奔赴南充市营山县城南镇开展"大学生志愿者千乡万村环保科普行动"。我就这样抱着"体验"的心态起航了。入驻城南二小当晚，大家都忙着收拾住处，准备第二天的开幕式。我望着凌乱的宿舍，无从下手，感动悄然而至。同学们把唯——一台大风扇抱到了我的宿舍，硬塞给了我，然后微笑而去。7 月的天是蓝色的，也是炎热的，但我的心更加炙热。

那个夏天，看着志愿者们进村入户，发放环保手册，为村民更换节能灯泡，宣传农药、化肥使用知识……蓝天白云下，汗湿的 T 恤衬着他们的笑容，显得格外美丽，每一滴汗水都洒进了我的心里。傍晚，一大碗稀饭装进肚，特别满足和幸福，想到尽管条件有限，城南二小也是竭尽所能为我们腾住宿、准备饭菜，感觉身上的担子更重了。

环境问题（特别是农村环境问题）不仅要末端治理，还得"源头防治"。专业老师除了科研能力，还应具有为公众宣传和科普的能力，这也是高校五大职能之一"社会服务"的体现。是志愿者们唤起了我的担当，又是城南二小的小朋友们和村民们为我种下了扎根环保科普的种子！

2017年初，我被确定为 2017 年"大学生志愿者千乡万村环保科普行动"带队老师，深入南充市蓬安县杨家镇。进入前期紧张的准备工作，从前期调研，到志愿者招募，再到志愿者培训……我才发现环保科普并不容易，科普也并不普通。志愿者招募时，全校 130 余名同学热情报名、面试，我虽开心，但压力随之而来。我开始思考如何才能做好环保科普——志愿者的安全，环保科普的效果，志愿者的收获，还有环保传播的理念。突然发现原来环保科普也需要科学。

7月，由 36 名志愿者组成的 6 支环保科普小分队奔赴南充市蓬安县杨家镇，以"渗透式"环境教育理念为指导，以"推进农村清洁生产，建设美丽宜居乡村"为主题，通过环保 DIY 大赛、环保时装秀、"垃圾分类银行"、小学生环保课堂、村社环保知识宣讲、环保海报墙、环保广播站、环境质量监测、乡镇干部环保法专题讲座等，多元化推进环保科普行动。

记得开幕式结束后，有志愿者问我："朱老师，为什么大多都是老人和小孩？"这也正是当前乡镇所面临的共同问题——留守老人和儿童，我们的到来可能不仅仅是宣传环保的意义。想起了那句话——陪伴是最长情的告白！在"环保袋 DIY 设计大赛"中，一位小男生的作品《后羿射日》让人眼前一亮，而后大家都围着他，他不好意思地遮了遮环保袋，露出了灿烂的笑容，这大概就是世上最美的画。我曾经在发放农药、化肥宣传手册时遇到一位老奶奶，她听力不太好了，不断追问我们是干什么的；当得知是宣传环保的，连说道"好！好！做好事！"没有华丽的词汇，没有刻意的修饰，简单的几个字，都令我们无比动容、倍受鼓舞。

覆盖杨家镇 14 个村庄，走访居民 300 户，调查问卷 269 份，垃圾兑换 40 余公斤，赠送环保袋 500 余个、手帕近 200 条，张贴海报 552 张，发放宣传手册 270 余份，开展环保法讲座 1 次、环保课堂 9 次，举办环保比赛 3 次，图书漂流 1 次，村委会集中宣讲 4 次，环境监测 4 次，广播宣讲 7 次……志愿者朋友们：这是属于你们的故事，我为你们感到骄傲！

碧水蓝天小分队组织留守儿童、村民和志愿者开展环保宣传文艺汇演，通过与村民和留守儿童互动，普及绿色生活知识。低碳节能小分队举办"环保袋 DIY 设计大赛"、图书漂流活动。环境教育小分队通过环保广播站、走访等形式将环境污染防治的理念覆盖全镇。环境监测小分队通过粉尘采样、噪声监测，既是对农村现状环境质量的调查，也吸引了大量村民参观讨论。绿色生活小分队推广垃圾分类，设立垃圾兑换点，变废为宝；通过环保手工进课堂，带领小朋友们变废为宝，绘出绚烂世界。农业宣传小分队通过村社集中宣讲农药、化肥清洁生产知识，号召有机肥替代化肥、农业废弃物资源化利用。李友平老师为杨家镇举办"乡镇干部环保法专题讲座"，宣传和普及环保法，强化乡镇干部的环保责任感……无数场景不断在我脑海浮现。

这对环保事业来说是一小步，但对 36 名志愿者来讲，是人生中的一大步。于我而言，使我深刻意识到科研和科普需要并行，科普也需要像科研一样创新；用心去感受，把科研成果转化为通俗语言介绍给公众也是我们的责任。

相惜——环保靠大家

"锄禾日当午，汗滴禾下土。谁知盘中餐，粒粒皆辛苦。"志愿者带领小朋友们观察身边的环境污染，引导其思考产生原因、造成后果及挖掘解决办法。通过开展系列环保游戏，如"悄悄话话环保"、环保 DIY、环保时装秀……寓教于乐，通过"小手拉大手"让大人也积极参与进来，像保护眼睛一样保护生态环境，像对待生命一样对待生态环境，环保理念渐入人心。"大学生志愿者千乡万村环保科普行动"不仅促进了农村环保理念的提升，也为志愿者们上了一次生动的环保课，用环保科普行动反哺自己的精神力量，把握美好时光，珍惜青春，实现自我价值。

赠人玫瑰，手留余香。美丽中国，因为有你。这是属于我们共同的家园，在环保科普这片贫瘠的土地上，我们还需默默耕耘。幸福是奋斗出来的，共筑环境梦，我们一起奋斗吧！我的朋友们。

相依——你我共前行

幸福的生活来之不易，更应该忆苦思甜。拥有天蓝、地绿、水清的美好家园，是每个中国人的梦想。同呼吸、共命运，构建人类命运共同体，你我同心，你我同行。

我耳边又响起了那些故事：

粉尘采样进杨家，居民噪声监测忙；

广播宣传话环保，问卷调查知民声；

海报宣传倡环保，环保座谈入乡间；

废旧物品也是宝，回收利用更环保。

展望下一个五年，我是环保科普的一员，下一个路口，我们等着你……

07

走遍"千乡万村" 助力杨家镇美丽乡村建设

西华师范大学环境科学与工程学院　田玉萍

　　2017 年 7 月 12 日，为推进农村清洁生产、建设美丽宜居乡村，西华师范大学"大学生志愿者千乡万村环保科普行动"实践队针对蓬安县杨家镇乡镇干部、中小学生、妇女、老人普及与日常生产生活相关的环保知识，组织开展了一系列环保科普宣传活动。这已经是西华师范大学第三年开展为期一周的环保科普行动，这一次我有幸以代班指导老师的身份加入了此次活动，当时满怀着期待与憧憬，因为虽然身为环境科学与工程学院专业教师，但之前却没参加过类似的活动。

第一天中午，我到了杨家镇，我校环保科普队已经在杨家镇小学举行了 2017 年"大学生志愿者千乡万村环保科普行动"开幕式。这年的"大学生志愿者千乡万村环保科普行动"招募组建了低碳节能、环境监测、农业宣传、碧水蓝天、绿色生活、环境教育等 6 支科普小分队。大学生志愿者暂住在场口的一单位楼里，当我踏进宿舍的那一刻，突然想起自己当初军训时的场景，就是在这么简陋的房间里，也是一个酷暑难耐的暑期，同学们睡地铺、用水桶打水洗澡……虽然条件十分艰苦，但我们的心情却十分激动和兴奋。

午休了一会儿，同学们就按照之前的安排开始分组讨论第二天的任务。我跟着几位小分队队长到了镇里一个办公地点，看着他们有条不紊地布置着工作，我感觉现在的大学生还是挺能干的！虽然他们都还是大一、大二的学生，但认真的样子最是可爱！

日落日出，新的一天又开始了。清晨，环保教育小分队和低碳节能小分队两位队长邀我去参加他们的环保小课堂。我们到杨家镇小学时，他们已经开始了，课堂分为环保知识竞赛及图书漂流活动两个环节。环保教育小分队的志愿者就思考题"周边的环境污染"展开讨论，小朋友们积极举手发言，并写下心得体会，他们提到溪水的保护、乱扔垃圾等环境问题。通过这次环保课堂教学，小朋友们学到了更多环保知识，增强了他们的环保意识。低碳节能小分队的志愿者组织了"学习同进步，图书共分享"图书漂流主题活动。活动中，志愿者为小朋友们分发"漂流图书"，召集小朋友们阅读图书，学习低碳环保知识。在近一小时的阅读学习之后，小朋友们积极举手、上台发言，为大家分享读书心得，交流自己最喜爱的图书和故事。

傍晚，指导老师朱晓华来了，我便"功成身退"了。虽然相聚的时光很短暂，但这个炎炎夏日，志愿者穿梭在杨家镇的各条乡村小道，因为这群可爱的志愿者，杨家镇这个夏天更热闹了，环保科普的声音传遍了整个乡镇。

　　这趟实践之行，不仅让大学生志愿者运用自己所学的知识，利用暑假社会实践的机会，走进田间地头、走入村民的家中，将环保知识、环保理念带进社区、农村，让农民群众关注农村环保问题，践行绿色生活，也让我接受了"环保科普行动"的洗礼。古人云："读万卷书，行万里路。"在校园里，我们收获着学习的充实；而象牙塔外，还有更广阔的天地等待着我们去探索。

　　著名环保作家唐锡阳说："如果环保成为一种理念，成为一种事业，成为一种精神，成为一种潮流，我想许多人还是愿意为此而奉献的。"生态环境保护是一场持久战，绿水青山就是金山银山，希望更多的大学生能够积极投身环保科普行动当中，为中国美丽乡村建设贡献出自己的一份青春力量。

08

城南新事

营山县希望初级中学校　李仁强

题记：营山县，城南镇，走马岭，新农村。青山绕南郭，绿水倒竹影；山花笑鸟痴，果香醉游人。一缕紫烟问朝露，半山犬吠惹黄昏；日月同辉天西东，星汉朗朗照乾坤。

城南新事多，环保科普数第一

营山县城南镇以其所在方位命名，水系连着县城，山脉接通群岭，辖11个行政村、2个街道办、125个农业合作社，营山县希望初级中学校是其辖区内唯一一所教育局直属九年一贯制学校。

2016年6月，西华师范大学环境科学与工程学院副院长、西华师范大学环境教育中心主任李友平教授联系我：拟于7月上中旬在营山开展2016年"大学生志愿者千乡万村环保科普行动"，请营山县金华希望学校帮助联系乡村，落实具体事项，并组织师生一起在暑假参加此项行动。

营山县金华希望学校自2000年6月开始，即与西华师范大学建立了有关英语教育、艺术教育、科学技术教育、生态环境教育以及学生实习等多学科、多领域的合作研究机制，支持和参与西华师范大学2016年"大学生志愿者千乡万村环保科普行动"自是责无旁贷，理当全力办好。过滤县域内有开展活动条件并愿意支持活动开展的乡镇，首先想到了营山县城南镇：党政领导思想开明、眼光长远、支持环境保护新事物；区位上紧邻学校，便于协调管理；工作中，我们在该镇文峰村无偿开展留守孩子周末义务辅导活动，群众基础较好；生活中，人民群众生态环境意识淡漠，确实不了解环境保护及节能减排，需要积极引导教育。报经教育局领导同意，与城南镇党政领导协商，城南镇党委副书记、镇长冉崇高同志亲自挂帅，协调相关村社，安排城南二小落实具体食宿及行动事宜，指示有关驻村干部解决好此次行动中的线路、交通、安全等问题，确保此次行动顺利圆满完成。

2016年7月8日上午，由南运集团营山公司派出的12辆13座山路客运车载着西华师范大学"千乡万村环保科普行动"大学生志愿者和营山县金华希望学校学生、家长、老师志愿者，在城南镇镇长冉崇高同志的引领下，从营山县金华希望学校出发前往活动基地——营山县城南二小。城南二小党支部书记、校长张翼同志根据工作方案做好了充分准备。城南镇各村主要干部和志愿者代表以及城南二小师生、家长志愿者300余人早早等候在学校操场，盼望着大学老师和大学生的到来，现实感受与大学老师和大学生的零距离接触，感受大学带来的新思想、新文化、新理念，亟待了解环保科普的具体内容，企盼解答关于水电节约、秸秆焚烧、垃圾处理等生活问题，争相邀请大学老师和大学生到本村、本社和自家做客科普。西华师范大学 2016 年"大学生志愿者千乡万村环保科普行动"在西华师范大学对城南二小的捐赠仪式、城南镇党委书记杨红英的致辞和营山县人民政府副县长杨素梅、西华师范大学环境科学与工程学院院长黎云祥的讲话中拉开行动序幕。

营山县城南镇作为中共南充市委、南充市人民政府评选出的"十强乡镇"，新事肯定多。但是，大学生集体走进村社百姓家在城南镇是第一次，大学生手把手指导群众开展环保行动在城南镇是第一次，大学老师连续一周吃住于乡村在城南镇是第一次，大学师生与镇村社干部群众一起开展环保科普活动在城南镇是第一次，用大学思想理念指导群众生产生活在城南镇是第一次，大学老师直接回答群众环保问题在城南镇是第一次，大学老师、学生入驻城南二小在城南镇是第一次，大学与小学合作开展科普活动在城南镇是第一次，大学生与小学生合作开展环保科普活动在城南镇是第一次，由环境保护部科技标准司、中国科学技术协会科普部、科学技术部政策法规与监督司、中国环境科学学会、西华师范大学环境科学与工程学院、西华师范大学环境教育与科普基地、营山县人民政府等组织支持环保科普行动在城南镇是第一次，由绿水青山小分队、节能小分队、有你有我绿色小分队、生态农业小分队、美丽家园小分队、环境教育小分队分别进村入户帮助观念更新、展示科技魅力、传播科学技术、改良设施设备、查验水质土质、赠送科技产品、培育环保意识等在城南镇是第一次。

巩固环保科普行动，革新秸秆燃烧陋习

2016 年 9 月的一个周末，营山县金华希望学校环保科普行动小组师生在城南镇走马岭巩固指导环保科普行动成果时发现不少群众就地焚烧稻草，山沟、山坡不时浓烟滚滚，本是丰收喜悦却被弄得乌烟瘴气。深入了

解时，群众说自己也知道焚烧不好、影响环境、影响空气质量，但是以前养牛要吃稻草，现在机械化耕种，不用养牛了；家里现在煮饭用天然气，也不用做柴烧了，稻草没用了，不焚烧也不知道怎么处理更好。

群众迷茫，我们适时指导：稻草及其他秸秆类植物，一可以用作免耕覆盖物，就是现在播种植物不再像以前那样深耕细作、深挖精种，可以在第一茬作物收割时，同时播撒第二茬作物种子，然后直接把第一茬作物秸秆覆盖在其上面，既可以给土地保湿保温，又能保护种子不被鸟兽啄食，同时秸秆腐烂还是上等的有机腐殖肥料，腐烂时产生的菌虫可以松软表层土质，分解的叶绿素还可以转化为氰化物杀死土地里的害虫病菌，既省力又省钱，还能生产高品质的有机农产品。二可以将稻草及其他秸秆类作物粉碎做肥，就是在收割作物时，启用联合收割机，一边收割作物，一边粉碎稻草秸秆，然后及时翻耕覆盖，让秸秆在土壤适宜的湿度、温度下转化为有机肥。三可以把作物秸秆粉碎做成食用菌基料，就是把作物秸秆集中加工成碎末，然后按照食用菌生产基料要求装袋，再播上食用菌种，种植食用菌。四可以在保证不霉变、不腐烂的情况下，翻晒好作物秸秆，然后卖给养殖场做猪、牛、羊、鱼等动物饲料，或者卖给本地魔芋加工、土特产生产等工厂做传统添加物。五可以将稻草和其他秸秆堆码覆盖薄土，保持湿度，植入生物菌，做成有机堆肥。

倾听的群众点头称是，承诺以后就采用非焚烧的方式处理稻草和其他秸秆作物。现在的城南镇，只见轻纱般的晨雾，没有了焚烧的浓烟。

学校建"3R"环保银行，促进校园"洁净绿美"

由于学校新址位于通往走马岭的要道旁，每天看到邦兰集团的环卫车在校门口来回穿梭，将城市垃圾一车车拉入位于走马岭的垃圾填埋场时，我们就暗自思忖：这是营山县城第二个填埋场了，照此填埋速度，估计要不了多少年又必须开辟第三个、第四个……第 N 个填埋场，直到城市被垃圾包围、市民生活在垃圾中，简直越想越恐怖。

出于教育人最本能的反应，我们开始深入了解有关垃圾处理的研究，在西华师范大学环境教育中心的指导下，学校组织师生在开展多方调查的基础上，于 2017 年秋季确定了以"节、净、绿、美"为目标导向，以"3R"〔即 Reduce（减少）、Recycle（回收利用）、Reuse（重复使用）3 个英语单词的首字母的总称〕为突破口，以"3R 环保银行"为载体的生态环境教育。通过宣传教育、更换硬件、通报典型、奖惩结合等培养了师生的节约意识，每学期累计减少了用水量 6%、用电量 9% 和办公及教学资料复印用纸 10% 等，实现了节水节电节资源、"节"出美德的效果。通过倡导"弯腰行动"，严格落实"人走地净，摆放整齐"要求，加强督导评比等，达到了窗明几净人卫生、"净"显精神的效果。通过倡导班级认领责任树，开辟楼顶农场，组织评选"生态文明优秀班集体"，达到了爱花护草惜树木、"绿"有生机的效果。通过"摆臂微笑，挺胸收腹，平民心态，领袖气质"常规教育和训练，严格落实《学生德育积分管理办法》，举办主题活动，提升了学生气质与素养，达到了美言美行美心灵、"美"是风尚的效果。

构筑"生态 +"教育框架，共建美丽城南

多年来，随着我校办学业绩凸显，生源剧增，人多地少的困境日益凸显，加之我校地处城乡接合部，生源素质参差不齐，校园环境问题与城乡环境问题一样都日益突出。为改善这一现状，我们深知光靠教育学生还不够。因此，我们先后将环境教育纳入学校的德育序列和家长学校培训序列中，初步形成了生态环境教育特色。在学校发展的第二个十年规划中后期，环境教育出现"瓶颈"，经过广泛学习和调研论证，我们又与时俱进地将绿色教育的核心理念移植到学校教育教学管理等各个方面，将以前的环保活动、环境教育、环保教育提升到了"生态 +"教育的高度，以期通

过系统的生态环境教育，不仅改变日益恶化的环境现状，而且改变人们的思想和行动。

为确保"生态 +"教育工作能持续推进，学校利用各种会议广泛宣传实施"生态 +"教育工作的目的、意义，并将环境教育纳入教师年度绩效考核、表彰、奖励范围，作为对教师的评估导向，在一定程度上转变了教师的教育观念，为推进该项工作提供了智力支持。

为深化"生态 +"教育理念，学校专门出台了《学科教学渗透环境教育指导意见》，编写了校本教材《生态的希望》，让环境教育既学科化，又序列化。目前共搜集教案、课堂实录、PPT 等资料 59 份；序列性的校本教材《生态的希望》共 4 册，累计 6 万多字，已付梓印刷，实现了"生态 +"课程常态化。

为全面践行"生态 +"的教育理念，学校一方面充分挖掘世界水日（3 月 22 日）、世界环境日（6 月 5 日）、世界防治荒漠化与干旱日（6 月 17 日）、世界动物日（10 月 4 日）等节日蕴含的相关教育素材，另一方面积极探索德育活动路径，举行了诸如专题讲座进校园、环境科普夏令营、"我是生态讲解员"、三分钟大奖赛、环境科普考察活动（南充市垃圾焚烧发电厂、南充市环境监测站、营山县福润给排水公司、营山县营渔水产科技有限公司等）、环保科普竞赛类活动（环保知识竞赛、环保演讲比赛、环境科普科技制作大赛）、校园"树木认领""盆花寄养"活动、环境教育读书"六个一"活动（读一本环保书籍、画一幅环保画、写一篇读后感、讲一个环保小故事、制作一个废物改造利用小物件、召开一次环保科普教育班队会）、环保主题的六一嘉年华系列活动（淘宝游园活动、才艺展示活动）等，实现了"生态 +"活动体验化。为充分践行"生活即教育"的学校主流教育思想，我们充分认识到将学科知识与生产生活相结合是学校实施"生态 +"教育的有效途径。学校在楼顶利用废旧桌凳制成种植框进行屋顶种植，鼓励学生利用课余时间培育、种植花草，并做好观察记录，进行笔记大自然比赛等，实现了"生态+"劳动生活化。

为充分发挥环境这一重要的教育资源的作用，我校通过显性的校园文化，如在教室内、走道上、楼梯口、花园中、围墙上张贴环境科普的名人名言、字画、图片、广告牌、提示语等，营造浓厚的"生态+"教育氛围，实现了"生态+"宣传日常化。

目前，经过全体师生的共同努力，学校于2019年3月顺利通过生态环境部审定，成功创建为川东北首家"国际生态学校"，实现了"节、净、绿、美"的既定目标，深化了师生、家长的环境意识，增强了学生的自主意识、实践能力和综合素质，提升了团队凝聚力、教师的科研意识和能力，拓展了学校德育路径和内容，构建起了"生态+"教育框架，丰富了学校办学理念，促进了学校整体工作的提升，通过"小手拉大手"延伸到家庭和社区，为美丽营山建设贡献了力量。但是，由于受传统的工作机制和工作思路等的局限，我们在全面深入推进生态环境教育如何体现社会性、实现群众性、保持经常性、提高有效性等方面还存在着一些困惑，诸如生态环境教育的公益性与追求教学质量功利性之间的矛盾、生态环境教育工作受众的广泛性与实际参与推广工作的主体的有限性之间的矛盾、生态环境教育需要的经常性与实际开展活动的阶段性之间的矛盾等该如何破解还时常困扰着我，衷心期待更多的"绿途行者"携手希望、共同行动，为早日实现天蓝、地绿、水清的美丽中国梦贡献力量。

09

环境教育　我在路上

营山县希望初级中学校　方国强

题记：有仁爱之心，则能有恻隐之心，也才能关心身边的人和事，关注未来。

我从教 30 多年来，一直重视学生的品德教育。近年来，随着国家对环境保护的重视，环境教育被提上了议事日程，我明显地感觉到环境教育是利国利民的大好事，是关乎自己、造福子孙的大好事。但现实社会中，能认识到环境教育重要性的人是少数，能够身体力行的人更是少之又少。

因此，大力开展环境教育，培养德才兼备、关注未来的精品人才是我们教育者义不容辞的责任。在学校的倡导和西华师范大学环境教育中心的引领下，我开始了环境教育探索之路。

2016年春，我分管的学生德育和环境卫生工作遇到了"瓶颈"，学生的行为习惯养成教育非常困难。一是学生乱扔乱丢的现象时有发生，个别教师也不例外；二是环境卫生问题，平时相对还可以，但每逢开学期间和大型集会，这一问题更为突出；三是学校教育与家庭教育、社会教育脱节，出现"5+2=0"的现象。学校提出了"人走地净、摆放整齐"的要求，甚至采取卫生监督岗和学生会干部巡查、清洁卫生评比量化打分公示等措施，但收效甚微。

2016年夏天，西华师范大学环境教育中心组织大学生到营山开展"大学生志愿者千乡万村环保科普行动"活动，我校师生积极行动，动员教师、学生、家长志愿者配合大学生深入农村开展环境教育。我们从中受到启发，要从根本上解决校园环境卫生问题，要做到三个"必须"，即必须增强师生环保意识、必须师生全员参与、必须家校合作。为此，学校在西华师范大学环境教育中心指导下，加入了"四川省环境教育1+N"项目，于2017年初决定以"创建国际生态学校"为突破口，以"节、净、绿、美"为抓手，组织发动全校师生、家长代表、环保专家、社区居民等人员广泛参与。邀请县环保局、疾控中心、市场监督局等单位到校开展环保知识游园活动，带领学生和家长到西华师范大学、垃圾发电厂、净水厂参观达1 521人次，写出观后感635篇。利用主题班会、实践活动等，收集照片632张、心得3 422份，写出调研报告52篇。创办"3R"环保银行，科学利用废品，循环使用物件，有效减少了垃圾的产生。通过广泛宣传，创建工作深入人心、人人参与，师生环保意识明显增强，校园面貌焕然一新。

我校于2019年3月获得生态环境部宣传教育中心授予的2018年度国

际生态学校项目绿旗荣誉。绿旗荣誉是来之不易的，全校师生经过一年多的努力，严格按照"七步法"创建工作要求，学校进行了深入的讨论，制订了周密的计划，稳步有序推进。我校于 2017 年 12 月 29 日举行了声势浩大的创建国际生态学校启动仪式，营山县委、县政府主要领导出席了会议，西华师范大学环境教育中心、南充市教科所和营山县教育局、环保局、市场监督管理局等单位领导到会祝贺。为确保创建工作持续开展，学校成立创建国际生态学校执行委员会，聘请了主任委员和执行主任；征集学生委员 55 人、教师委员 20 人、学校领导委员 1 人、非教学人员委员 3 人、家长委员 9 人、环保机构委员 1 人、社区委员 2 人、专家委员 2 人、特邀委员 6 人。其中执行委员会成员主体是我校各年级、各班的学生代表。我们将学生委员分成了 4 个行动小组进行创建活动，即节能减排组、纯净有序组、绿意春风组、美满人间组。后来，根据需要又新增了以 21 名绿色小记者为主体的即时通信组。

根据学校创建国际生态学校的要求，在老师们的指导下，同学们积极开展对校园及周边环境的评审，发现了身边大量的环境问题和不足，例如：不节约水电，不爱惜学习生活用具，有损坏公物现象；学生垃圾分类意识薄弱，乱扔垃圾，每天产生的垃圾量太大；老师、家长过分关心学生的学业成绩，缺乏环境教育的内容等。

在汇总了校园环境评审的结果之后，各个小组及时举行制订行动计划的推进会，经过执行委员会的决议，形成了以下行动计划：一是各班开展节电、节水、节纸等宣传教育和分年级检查评比工作。二是全面启动"3R"环保银行工作。每天 13：50—14：30 开放，师生共同值班，每周将全校各班垃圾回收情况进行公示。三是进行校园立体绿化，主要是墙体设置绿植摆件或挂件、教学楼顶利用废旧桌凳拦土进行作物培育等。

为确保环境教育落地落实，学校要求学科教学要与环境教育相融合，老师们结合学科特点进行点滴浸润，让学生感受到生活与环保密不可分，生活处处有科学、处处有环保。我们搜集了部分学科部分老师的教案、小视频、PPT、讲稿等资料，供交流分享。

制定生态规章是创建国际生态学校的最后一步，我们利用主题班会，各班讨论形成班级规章，再在同年级讨论完善形成年级规章，最后召开了执行委员会全体成员大会，商定了全校师生共同遵守的生态规章：穿戴规范，阳光自信；节约水电，低碳生活；垃圾分类，拒绝零食；变废为宝，合理使用；爱护花草，守卫生命；携起手来，共建希望；健康生活，共同创造。

获得绿旗荣誉不是我们的终极目的，我们希望环境教育之路要坚持不懈地走下去。学校环境教育方面，在李仁强校长的带动下，我们拟继续开办"3R"环保银行，增加垃圾减量项目、绿色小记者项目、笔记大自然项目、气象监测站项目。已经确定各项目组长及成员，正在招募志愿者参加。我作为学校环境教育的具体负责人，定期或不定期召开各项目组长会议，了解进度和存在的困难，探讨解决的措施和办法。

我参加了笔记大自然项目，利用网上资源和向专家请教，亲自对186名学生志愿者开展了如何进行笔记大自然创作的培训。首先，打消学生的畏难情绪，告诉学生笔记大自然也就是类似于写日记、看图作文，对我们学习写作很有帮助，激发学生参与的兴趣。然后指导学生仔细观察，看形状和颜色、闻气味、测大小，可以从不同角度观察，获得不同的观察结果；接着把观察的结果记录下来，可以是文字的表达，可以是图画的展示，可以是表格的呈现，可以是地图的勾画；可以是特写式、场景式、片段式、连续式。通过培训，学生的积极性得以提高，最终有67名同学坚持下来，不断进行笔记大自然的创作，如今已有23幅作品投稿。

一花独放不是春，百花齐放春满园。开展环境教育、提高全民环保意识既非一朝一夕之功，也非部分地方、部分人员行动能改变现状。因此，我们不仅动员全校师生积极参与、全校家长积极配合，还深入社区广泛宣传，通过"小手牵大手"、亲子活动等向周边群众宣传。县教科体局也非常重视，我们在全县校长培训会、新教师培训会上大力宣讲，起到了辐射带动作用。我还应邀在全省、全国的环境教育培训会上交流发言，交流分享我校开展环境教育的做法，感受到了从事环境教育的责任感和自豪感。

我深知开展环境教育的道路是漫长的，但更相信积跬步至千里、集细流成江海。同时坚信有千千万万的绿途行者，天蓝、地绿、水清的蓝图一定会实现。

⑩

绿色童年 牵手蓝天

营山县城南二小 张翼

　　营山县城南二小于 1958 年建校，坐落在营山县环城路中段，比邻城南镇新农村，学校占地 5 000 多米²，人文气息浓厚，教学质量优良，校园苍翠美丽。于 2012 年成功申报为南充市绿色学校，2016 年成为西华师范大学环境教育基地。

　　2016 年 7 月 8 日上午 8 时，西华师范大学 2016 年"大学生志愿者千乡万村环保科普行动"开幕式在南充市营山县城南二小举行。这次活动中，志愿者们走进了城南镇文峰村、火烽村、前进村、走马村、云雾村、光荣村等 11 个村庄，走访村民近 300 户，在村委会集中宣传 3 次。张贴农药、化肥的宣传海报 120 套，发放环境教育与科普基地手册 500 余份，赠送节能灯泡 300 只、环保挂历 300 余份，填写调查问卷 528 份。2016 年 7 月 13 日，西华师范大学 2016 年"大学生志愿者千乡万村环保科普行动"圆满落幕。

营山县城南二小依托环境教育基地，着力提高师生节能环保意识和参与环保实践能力，积极营造绿色校园文化，努力创建省级绿色学校，形成了全校节能环保的良好氛围。2017 年 6 月，成功举办了以"绿色童年，牵手蓝天"为主题的首届环保儿童艺术节活动。活动分环保宣传文艺汇演、环保美术作品展、环保知识竞赛、环保知识演讲赛、环保小咖秀、环保影视、环保公益大行动等板块。本次活动为孩子们搭建了一个健康成长的舞台，将环保公益行动与儿童艺术教育相结合，普及了低碳公益环保理念，为儿童们带来了积极快乐的环保体验，并在"小手牵大手"中引导全社会进一步关注环保、支持环保、参与环保，共同建设美丽家园。

⑪

学以致用　实践出真知

阆中市天宫乡中心学校　杜川

又是一个暑假，和往常一样，学校里放假了。但今年，西华师范大学志愿者的到来使阆中市天宫乡中心学校的暑假增添了一抹色彩，变得不同寻常了。

在暑假里，学校放假即意味着学生回家，在家里学习和生活。暑假虽长，于学生和老师而言却是缺少趣味和略许枯燥的。2019年7月15日，迎着西华师范大学的飘飘彩旗，天宫乡中心学校迎来了这些充满活力、心向环保的大学生志愿者，他们将与我们学校的8名学生一起完成一周的环保科普活动。

　　爱家乡，需爱这方养育我们长大的水土。天宫乡作为国家 4A 级风景区，更加重视生态环境保护。这次暑期社会实践活动由西华师范大学志愿者和天宫乡中心学校的学生结成环保科普小分队，通过"大手牵小手"的团队模式，将生态环保意识通过实践活动由学生传播给天宫乡居民，培养学生爱家乡就要爱护环境、保护生态的正确思想。

　　传播环保意识需要加强环保宣传，进行入户宣传和话剧表演是最直接的方式。无论是大学生，还是中心校学生，都在通过社会实践活动，把在学校里学习的环保理论知识运用到客观实践中。入户宣传要求口头表达能力，把所学所想讲解给天宫乡居民们，让居民们能够理解和接受环保意识。话剧表演注重肢体和语言的协同表达，话剧表现出的生动形象离不开刻苦的排练。面对天宫乡的居民们，各个小分队的成员们虽然在年龄上显得稚嫩，但是学生们敢于一次又一次向大人们讲解，在部分不理解的目光和语言中顶住压力，在自己的微微怯涩中勇敢面对，继续充满激情地讲解宣传。这一刻的他们用自己的力量努力着，可爱的他们令我们尊敬。入户宣传之外，学生们自己排练并表演了话剧。编剧本、制作道具、排练，在几个环节的精心准备、努力尝试和突破后，最终成功表演了话剧。或许学生们自己都不知道：原来，在努力后，我可以做到这么多事。

　　大学生志愿者们和中心学校的学生们还一起进行荷花池考察，做生态笔记和植物写实绘画。小学生们都是第一次做生态笔记和植物写实绘画，但是在大学生志愿者们的耐心讲解和鼓励下，小学生们不断尝试、不断提高，这样的提高让身为老师的我们很是感慨、欣慰。

　　在这一周的时间里，同学们一起学习环保知识、入户宣传、做生态笔记、绘画和排练话剧，他们通过自己的努力让更多的人关注我们的生态环境。社会实践是引导我们的学生走出校门、走向社会、接触社会、了解社会、投身社会的良好形式，是培养锻炼才干的好渠道，是提升思想、修养身心、树立服务社会思想的有效途径。中心学校的学生们在本次实践活动中，充分感受到了社会实践的作用。如缪阳，她是有些粗枝大叶的女孩子，但开始学习画画。如邓玥，她是一位埋头苦学的学生，但表现了她的一些领导能力。如缪琳琳和邓颖颖，她们是两位略微胆小、有点不善交流的学生，但可以勇敢地走出去进行入户宣传。这让身为老师的我们非常开心，学生们都在这次实践活动中有所改变，并且有各方面不同的突破和进步。

社会实践就是把我们在学校所学的理论知识运用到客观实际中，使自己所学的理论知识有用武之地，只学不实践，那么理论是很难验证的。理论应该与实际相结合，这样既可以学到知识，又可以了解现实。乐观、开朗的性格已经是越来越多学生的优势。经验也是人们在工作中的一个重要法宝。中国的经济发展转型速度越来越快，对人才的要求也越来越高，如果我们只知道学校里的书本知识，但不能够从生活中、实践中学到其他知识来武装自己的话，那么只能在竞争中失败。通过本次社会实践，中心学校的学生们不仅学到了很多课外知识，而且通过各类活动付诸实践，最重要的是进一步锻炼了与人交流的能力，让他们了解未来的大学生活是什么样子的，这对他们人生的选择也是非常重要的指引。

通过本次环保科普活动，中心学校的学生们了解了我们美丽的地球现在已经面临着越来越严重的形势，纷纷表示要将学到的环保知识运用到生活中去，从一点一滴的小事做起，为保护我们共同的家园贡献一份力量。学生们迟早会离开校园、进入社会，社会实践活动可以让学生们不断增强适应社会的能力。我们的学生们在这次活动中成长了许多，有很多学生原来不善交流、说话声音小，不愿意说话，但是通过本次环保宣传活动，他们能够走出校园，与别人交流，愿意和大学生哥哥姐姐一起开开心心地进行实践活动，会帮助他们更好地成长和认识未来。

一周充实却短暂的生活，让我们从最开始的陌生、茫然到最后一起流下了不舍的泪水。这次的大学生环保科普活动，不仅对大学生志愿者们来说是非常重要的，同时对天宫乡中心学校的学生们来说，也是他们人生中非常重要的一次经历。从他们的行动、从他们的语言中，可以体会到他们是真的不舍，从最开始陌生地叫着互相的名字，到最后成为无话不说的好朋友。但是分开只是暂时的，这次的分别只是为了下一次更好地相见，眼泪证明了我们的感情，时间虽短，但是友谊长存！

　　暑期社会实践的经历是美好的，感念大学生志愿者们的到来，期望天宫乡中心学校学生们的成长。愿我们在未来的生活实践中充实我们精彩的人生篇章！

▶▶▶ 大学生行动

⑫

"千乡万村"——我的大学环保之旅

西华师范大学环境科学与工程学院　李丹

　　时光荏苒，一晃五年时间过去了。我曾在 2015 年 7 月参加"大学生志愿者千乡万村环保科普行动"，看着最近几年发出来的活动剪影，不禁回忆起我们那时的快乐、感动和艰辛。

　　在毕业之际，我的大学生活中没有一次暑期社会实践，刚好赶着学院组织的环保科普活动，所以我毅然报名加入了这支队伍中，让我的大学生活不留遗憾。

　　那年 7 月，我们迎着骄阳，乘坐大巴车，来到"大学生志愿者千乡万村环保科普行动"的目的地——南充市顺庆区新复乡小学。简单地举行了开幕式活动后，当天下午我们进行了分组，按照学校给的小朋友名单进行家访式宣讲。

这么多年过去了，那一个星期发生的事情，似乎还历历在目。我们白天上午走访宣传，下午和回学校的小朋友做环保，晚上大家排练最后闭幕式的节目，一天的生活是非常充实的。

尤记得，我们当时 6 个人 1 个小分队，取了一个帅气的名字——高阶沿小分队。在几天的行程中，我们走访了几十家农户，给他们带去了特别制作的环保日历挂画，调查了相关的环保问题，主要是关于秸秆焚烧。2015 年，秸秆焚烧对环境的危害还没有引起社会的重视，我们从秸秆焚烧环境问题、火灾安全问题等方面向他们宣传。他们才意识到几千年传下来的习惯是一种错误行为，这让我认识到环保宣传的重要性。对小朋友的环保宣讲主要是废物利用。我们把废旧的蚊帐做成了美丽的纱纱裙和帅气的披风；把印着中国元素的废旧纸壳做成了一件福娃褂衫；还有报纸做的衣服等。后面我们与小朋友在闭幕式完成了一场环保时装秀，赢得了乡亲们的阵阵喝彩。

记得有一天大家刚出门准备去走访，看见一个环卫大叔在扫大街，同学们自发地帮忙，走过的乡亲们都夸赞我们。在平时的生活和学习中，我们似乎没有那么大的勇气去做这样的事情，但是在这里大家一起做，人也变得特别勇敢了。闭幕式前一晚，音响出了问题。我们在网上查原因、问朋友，经过反复地找原因，最终解决问题。终于让我们的活动如期顺利地进行。那天晚上大家拿着手机当电筒，"喂"着蚊子，学会了坚持就是胜利。记忆中特别有印象的一件事是我们六人走到一个人很少的地方，遇到一个孤寡老人。老奶奶一个人生活，儿女都出去打工了。见到我们，老奶奶特别高兴，我们与老奶奶话着家常、聊着闲事。看着老奶奶的笑颜，这个环保活动又有了新的意义。

一个星期的暑期社会实践活动是艰辛的，我们住着用水、用电都很紧张的宿舍；我们走着到处都是坡的山路；我们在夜晚排练节目；我们顶着太阳走访。但又是难忘的一个星期，一群不相识的人建立了友谊，我当了一个星期的环保老师、看了新复乡美丽的风景，也更加懂得了环境保护的意义。

活动完美收官，大家相互在衣服上签着大名，跟小朋友们拍照。每个人脸上都洋溢着真诚的笑容。大学生活不应该是打游戏、看电视，而应该像我们这样努力充实，这就是我参加这次活动的意义。

⑬

用心参与　用行改变

西华师范大学环境科学与工程学院　罗靖

纠结与选择

　　回忆三年前，我能荣幸成为西华师范大学"大学生志愿者千乡万村环保科普行动"暑期社会实践的一分子应该纯属意外。

　　记得那是4月的某天，我们上专业课，课间休息和唐娅老师交流，她得知我是院青年志愿者协会的部长，还有支教的经历，问我是否要参加"大学生志愿者千乡万村环保科普行动"，我犹豫了。当时，我是西华师范大学环境科学与工程学院的一名准大四学生，正处于毕业实习、就业和考研的交叉阶段。如果是一个正常的高年级学生，在此时，应该拒绝这样的实践活动，而我属于个例，对活动还有点悸动，经过几番的思想斗争，还是兴趣和责任感胜出，我与实习单位沟通延迟几天报到后，随即便全心投入活动的筹备中。

挑战与成长

面对全新的活动领域、陌生的团队和未知的实践地点，要挑起活动负责人的重担，对我来说，确实是非常大的挑战，压力是肯定会有的。

虽然在之前有很多志愿者经历，具备一定的团队管理和实战技能经验，但是要和35名志愿者外出一周，如何保障安全、让每位志愿者有所得、让实践地有所改变，对我是一次非常大的考验，同时我也把它视为自我成长的机会。在老师们的鼓励下，我就接受了这个光荣的任务，一开始就作为学生负责人参与前期调研、方案策划。那时的我还是很有想法的，竟然写出了53页的活动策划方案。

组建队伍，我们是认真的。通过微博、微信、QQ、班群、海报等各种渠道发布招募信息，首次把这个活动推送到全校学生的视野中，当然报名非常火热。我认为这是一次成功的"营销"。

经过两个月的筹备，这一天来了。2016年7月8日上午8时30分，令我们憧憬的那一刻——西华师范大学2016年"大学生志愿者千乡万村环保科普行动"暑期社会实践活动启动仪式终于在南充市营山县城南二小举办。天蒙蒙亮，操场上已响起了小孩嬉闹和志愿者谈话的声音，我到阳台确认了是晴天，迅速洗漱下楼开始准备，等待仪式的开始，也是在等待即将来临的一周。

8点左右，舞台前已经站满了村民代表、中小学生代表、有关部门代表，好像大家对即将开始的活动都充满了好奇和期待，欢快的节目拉开了启动仪式的序幕。启动后，随即开始划分活动范围，学校留 1~2 支小分队开展校园环保科普活动，其他小分队都在校外活动，志愿者带领着小志愿者走村串户开展科普宣传、问卷调查、采样监测。

我在活动期间的角色是环境教育小分队的队长，兼任实践团队的宣传员，因为小团队里有 1 位优秀的研究生师姐和 5 位师妹，所以我的重心更倾向于外宣和关注整个大团队志愿者的状态，更多的是在思考如何团建和宣传活动。活动开始的第一天，为避免有志愿者状态不好，我们想及时了解每位志愿者的想法和状态，于是我们决定每天晚上 9 点开一次全体交流会，全体志愿者围坐成一圈，各自分享当天的感想和对活动的建议，中间也会插入一些游戏环节，营造轻松的氛围，让大家愿意分享白天的所见所得。偶尔也会有志愿者感到困惑，其他志愿者都出谋划策、积极引导、帮助解决问题。虽然连续几天都是艳阳高照，早上 7 点就要外出，但是大家气势很足，每天都非常充实、快乐。几天的时间，城南镇的乡间小道上随处都留下了志愿者绿色马甲的身影和愉悦的笑声。

那几天的自己，非常激奋，仿佛活力在血管里竞走。每天时间安排得非常满，要和小分队讨论下一步开展的内容，观察各团队开展的情况，了解村民、小孩的反馈，思考如何挖掘活动亮点。为客观地表达出活动的真实性，更好凸显我们活动的特色，我要求自己必须要看每一份新闻稿件，所以就变成午休在看，夜深了还在看，不过每天工作的同时都有老师、小伙伴陪着一起，所有的疲惫都已被快乐、喜悦、成长取代。

惊喜也常常在不经意间发生，或许是看到自己有所成长，是看见某一位志愿者有收获，又或许是我们投送的一篇稿件被某个平台登载、转载，每一个惊喜都值得我们待在那里。更让我自豪的是，我们通过自己有限的知识真切为当地解决了一些环境难题，带去日常有用的环境知识和技能，得到了当地村民的认可，外宣反响也很强烈，被"中国大学生在线"等50 多家媒体网站报道、转载 100 余篇。

虽只有短短 7 天，但大家都有自己的收获，都有对自己成长的理解。我可能收获得有点多，有太多的惊喜、感动，同时我的耐性、思维角度、发现问题并解决问题的能力都得到非常大的提升。这次的体验和经历，对后来我的生活、工作、学习都有很大的影响。

闭幕式上，我作为学生代表作总结发言，站上主席台面向当地的村民、政府领导、老师和志愿者，我的心情是复杂的，既为团队给当地村民提交了一份满意的答卷、没有辜负大家的辛苦付出感到高兴，又因为即将要告别这个熟悉的地方而感到不舍。但我们无愧于这里，我们都用心在参与，用我们的行动在改变！

感动与感恩

一盏灯，带去的不只是环保。活动中有一个环节就是给村民赠送节能灯泡。在没亲眼看见之前，我从未想象，一盏灯可以让漆黑的房间瞬间明亮，让村民的脸庞洋溢着幸福的笑容。

一只小手，张贴的不仅仅是海报。淳朴的农村小孩，认真聆听着志愿者的讲解和分享，紧随志愿者的步伐，走村入户宣传环保科普知识，一双双小手撑着宣传海报的画面，永远刻在我的脑海，我想这也许就是我们来这里的意义吧，未来这里会有我们的接班人。

一个背影，却是最温暖的陪伴。某一天下午，回学校上课的小朋友，因为离家远，没有家长接送，我们的志愿者李涛决定送他回家。看着一大一小的背影渐行渐远，我用手机拍下了模糊的瞬间，我想这是最好的知识——陪伴，让留守在家中的小孩不再那么孤独。

我应该是志愿者中非常幸运的一位，因为参加了这次活动，第一次有机会到北京领奖，还能在 2013 级毕业典礼上听到校党委书记王安平提到"大学生志愿者千乡万村环保科普行动全国优秀志愿者环境科学与工程学院罗靖"，非常感恩，但也十分惭愧，后来我也一直把这当成鼓励，勉励我继续努力。

　　我非常感谢学校老师们的悉心引导和帮助，感谢团队志愿者的努力和理解，感谢当地政府、学校、村民的支持，感谢中国环境科学学会和四川省环境科学学会提供的平台。未来，期待在"大学生在行动环保科普活动"中遇见更多的师弟师妹。

(14)

"千乡万村"是一场历久弥新的小幸运

西华师范大学环境科学与工程学院　张萍

　　喜欢这样一句话："想念只是一种仪式，真正的记忆与生俱来。"2019年我大学毕业，四年的时光匆匆而过，但关于"大学生志愿者千乡万村环保科普行动"的记忆如同一个烙印一般深深地印在我脑海里，尤其是这段经历中那些精彩纷呈的记忆越发历久弥新。

　　与"大学生志愿者千乡万村环保科普行动"邂逅于耳闻。刚进入大学校园的我，对各式各样的大学活动、大学场景充满着新鲜感，对暑期社会实践活动更是有着满满的憧憬，从师兄师姐口中了解到这个活动，也因为这个活动，我成为环境教育协会中的一员，很感谢这个活动陪伴了我的整个大学生活。可以说这是我学习之余的另一个起点。

与"大学生志愿者千乡万村环保科普行动"的第二次接触是 2016 年。我满怀着期待填写了"大学生志愿者千乡万村环保科普行动"志愿者申请表，经过面试有幸成为"大学生志愿者千乡万村环保科普行动"的志愿者，成为绿水青山小分队的一员，邂逅了美丽的营山县，遇见了充满生机的城南镇，更遇见了一群天真可爱的孩子们，他们的眼里绽放着光芒。活动期间，我们住在城南二小，刚结束大一生活的我，只会跟着老师和队长的指挥走，那时候的我无法理解也无法感受在这短短七天的活动背后有一大群人忙活了几个月，七天的活动远远不止七天。当时的我作为绿水青山小分队的一员，除了开展我们小分队的活动外，我还负责了整个团队的照片拍摄、整理和整体新闻稿撰写，兴奋地拿着相机拍了足够多的活动照片，心里想着可以给出很好的新闻点，但是到晚上写稿件的时候，看着几百张照片，发现几乎全军覆没，没有一张能够称得上是新闻照片的，那一瞬间真正急得崩溃到哭。拍摄活动照片这个事情的机会只有一次，甚至是一瞬间，大家不经意间流露出的真情实感才是最宝贵的，要善于抓住只有一次的机会，那一刻的定格错过了就错过了，所以后来的每一次活动拍摄中，我都格外的小心和认真，也因此在这方面对师弟师妹们提出了格外严格的要求。

2017 年，我与"大学生志愿者千乡万村环保科普行动"有了更加密切的接触。这是我更加感慨的一年，有了新的收获，有了新的角色转变，从站在身后的师妹慢慢挪步上前成为大家的师姐，从被动式开展活动到主动发现问题以及学会解决问题，很感谢老师和团队的信任，让我有幸成为 2017 年西华师范大学"大学生志愿者千乡万村环保科普行动"的学生负责人。4 月中旬接到老师的通知时，我的内心是兴奋的，但与此同时又有着隐隐的担忧。在大家共同的努力下，我们的活动最终取得了不错的成绩。那些深深浅浅的回忆，是值得收藏在心底一辈子慢慢品味的，从 4 月开始筹备，我们经历过许多的酸甜，和小伙伴们在办公室熬通宵改策划，一次又一次地开会讨论问题，一遍又一遍地完善活动方案，一遍又一遍地更改宣传海报……当然，我们也面临着新的挑战，在这当中有许多不确定的因素打破我们的原计划，比如最初确定好的住宿地点突然告知我们不能住了，确定好的志愿者招募时间刚好遇上了学校的特殊时期，导致宣传必须延后，招募了的志愿者后期时间有冲突等。对于各种大大小小的事情，我都需要学着去思考怎样解决，我想我是足够幸运的，能够有这样的机会去锻炼自己处理问题的能力。其实，作为负责人，应当承担的责任就更加重大，应当做到把控全局，把握每一个细节，可是在出发的那天，也许是过于兴奋，又或是过于紧张，我竟然忘记了最后再清点一遍物资，导致忘记带上开幕式需要用的大喷绘，幸好老师在第二天早晨赶着送到了活动地点。

2017 年，我们选择的地点是南充市蓬安县杨家镇，遇见这个小镇的我是兴奋的，第一感觉是这里每一个村的名字都很好听，穿着绿马甲的我们每天穿梭在杨家镇的街头巷尾，那里有热情好客的村民，有绿意盎然的羊肠小道，还有池塘边的大白鹅……虽然在七天的活动中经历了烈日当空，也经历了狂风暴雨，但是我们的笑容却是越发地明媚动人，直到现在我依然怀念那些和小伙伴们围在一起写稿、改稿、投稿再到等待出新闻的日子。在这个互联网时代，我们希望借用媒体平台，让更多的人知道我们，希望我们的行动能够感染到更多的人来关注环保。当然不是每一篇稿子都能够顺利被报道，投稿邮箱里的稿子绝大部分都石沉大海，突如其来一篇投中的稿件足够冲淡浓浓的失落。我一直坚信付出与努力是成正比的，在大家的共同努力之下，我们的团队也获得了一定的认可，获得"共青团中央优秀团队""中国环境科学学会优秀组织单位"等荣誉称号，就我个人而言也收获了一个重要奖项——"全国十佳志愿者"。在这些奖项的背后是大家的共同努力，是老师们耐心细致的指导，是志愿者们团结一致向前迈步的精神。这段经历在我日后的学习和工作中都给我提供了宝贵的实践经验，不仅仅锻炼了我处理问题的能力，也磨练了我的意志。

虽然活动的时间很短，一年开展一次，一次一周，但我觉得它代表的不仅仅是这一次看似简单且平常的活动，它包含的是一种力量，它是我们开展的每一次环境教育与环保科普活动的缩影。活动开始之前我们认真策划准备，活动结束后我们认真总结反思，无论是2018年的活动，还是2019年的活动，我都有幸见证，我看到了大家在活动上的创新与突破。我想"大学生志愿者千乡万村环保科普行动"就是一种传承、一种坚定不移的信念，我想未来"大学生志愿者千乡万村环保科普行动"会越来越好。

"大学生志愿者千乡万村环保科普行动"于我而言是特殊的，是珍贵的，是难以忘怀的。关于"大学生志愿者千乡万村环保科普行动"，从耳闻，到参与，到带队，再到观望，我就像走了一个圈。那就像我脑海中一本弥足珍贵的青春纪念册，记录着我的四年时光，我很感谢这段经历，它见证了我大学四年的成长。我也很感激在这里遇到的每一个人，老师、师兄师姐、同学、师弟师妹，大家都在陪伴着我成长。在当中哭过，笑过，抱怨过……但是经历过那一段时光，更多的是感慨，是感激。也许我的文字过于浅显，难以描写到这段经历的方方面面，但这段时光就像一坛陈年老酒，越品越香，越久越值得回味，我想"大学生志愿者千乡万村环保科普行动"就是一场历久弥新的小幸运。

⑮

有意义的一次成长

西华师范大学环境科学与工程学院　马巧璐

　　今天中午，我像往常一样，拿出了手机开始刷朋友圈、订阅号、微博，突然间看到了西华师范大学的"三下乡活动"，这使我想起了三年前的自己。也就是 2016 年 7 月，那时正是结束了大一课程的我，带着一颗充满好奇与激情的心，参加了学院组织的"环保科普行动——营山行"。那时候作为一名环境学子，不仅仅是想要锻炼自己的各方面，更想要去做一些有意义的事情，想要去宣传环保，为我国的环保事业贡献自己的一份力量。虽然只有七天，可是每一天都让我刻骨铭心，至今那些画面依然清晰地映在我的脑海中，仿佛那些事儿昨天才发生一样。当然，那次实践带给我的不仅是能力的提升，更是一种精神上的支持与鼓舞。

　　依然记得从学校到营山那天，大伙儿都是大包小包地提了很多东西，而且我们到达车站的时候已经是晚上，每个人都非常累。我们下车后看到了城南二小的老师去接我们，并且我能够感受到他们的热情，当时我就知道这将是一场难忘的"旅行"。接着我们就跟着老师们去往目的地，因为前一批的伙伴比我们先到达，所以当我们到达学校的时候，他们已经在彩排第二天的开幕式了，看着他们既认真又开心的表情，感觉自己就像吃了一块巧克力一样，美滋滋的。我当时想我也会像他们一样努力做好自己的事情，完成自己的任务，在营山留下自己的一份美好回忆。彩排结束后，我回到自己的住处，当进去的时候都已经懵了，两张双层的铁床，上面什么也没有，全是灰，然后窗户也是坏的，水龙头也是坏的，看到这种情况时差点都打退堂鼓了，接着我问了其他同学，才知道这是很久都没有住过人的学生宿舍，所以环境才会这么糟糕。幸好意志坚定的我最终还是选择不放弃、不抛弃，整理自己的思绪，继续以期盼的心态对待这一场独一无二的"旅行"。紧接着我用一些废旧书籍垫了一下床，把席子铺上，心想今天晚上这就是我的小窝了，心中快乐与失望这两种感情交错在一起，真的又想哭又想笑。那天晚上非常热，我几乎没有合眼睡觉，因为刚刚到还没有适应那里的环境，并且床太硬真睡不着，那时我就鼓励自己说："没事儿，反正就只有七天的时间，一会儿就过了，这点问题压根就谈不上艰难！"就这样带着对自己的信心与鼓励开始了期盼已久的活动。

　　还记得我所在的队伍叫环境教育小分队，我们队的主要任务就是留在学校里向小朋友们普及环保知识以及辅导他们的课后作业。每天跟这些孩子们相处，感到非常自在，我们一起做环保手工艺品，一起探讨垃圾分类，听他们谈自己的目标与梦想。后来由于我们打算同孩子们参加闭幕式的表演，所以当时就询问了他们的意见，没想到大家都非常积极、非常愿意参与我们的表演。我们就利用课余时间一起讨论节目、排练节目，在排练的过程中大家积极认真、有说有笑，有些孩子回家也不忘自己排练。每天排练结束后我们就挨个送孩子们回家以保证他们的安全，当然与他们之间的感情也越来越深，他们亲切地叫我们"姐姐"。还记得闭幕式的那天，大家小手拉大手一起在舞台上表演我们的歌唱节目《倔强》，当时选这首歌的目的就是希望这些孩子们在以后的学习、生活中不管遇到什么困难都能够勇敢地去面对、去克服，努力活出自己的精彩，努力去演绎自己的人生，努力去做想要做的自己。虽然舞台上表演只有三分钟，但那三分钟的画面却永远烙印在我们的心里，我们手拉着手，用心歌唱着《倔强》，心中回忆着那些天的往事，很美很美。表演结束后我们就要离开了，氛围突然变得沉重，大家都低着头，有些孩子眼圈变红，流下了不舍的眼泪，而我们努力抑制自己的情绪，告诉自己不能流泪。我们走的时候和那些孩子留下了联系方式，告诉他们我们会回去看他们的，所以那些孩子也是满怀期待。就这样，我们坐上了回学校的车，慢慢地离他们远去，看着他们一个一个清晰的面庞逐渐变得模糊，我们的心情变得沉重。在这之后，我们慢慢回到了自己的生活圈，当然也在跟那些孩子联系，他们也总是在问我们什么时候能够再次回去，所以后来，我们实现了约定，回到了营山，再一次与那些孩子们重聚，时隔半年不见，大家好像长高了些。那天中午，我们买了菜，聚集到了一个学生家里，我们一起做饭，一起回忆，一起讲述人生，那一次就像是亲人重逢，无比亲切。后来，学生家长也回去了，看到我们依然是那么热情，还感谢我们能够回去看这些孩子们，让他感受到了人与人之间的那种温暖。而这一次的离别也是温暖的，因为我们大家都已经藏在彼此心中的某个角落。当然，我们也都知道，这种温暖是非常珍贵的，是用心感受才会有的，并且将永远存在于我们心中，我们也将永远铭记这份感情！

时隔三年，再一次回想那时的我们，真是一次难忘的记忆。在那里，我们贡献了自己的一份力量；在那里，我们收获了一份纯真的友谊；在那里，我们的人生再一次得到了升华。看着一年又一年"大学生志愿者千乡万村环保科普行动"的成功举办，我为自己感到自豪。为自己在大学参与其中而感到骄傲！虽然现在我已经毕业，但真心希望这个活动能够继续举办下去，为更多的师弟师妹带去有意义的记忆！

16
磅礴而来的环保力量

西华师范大学环境科学与工程学院　赵陈慧

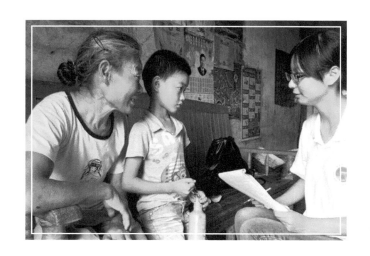

　　那般美丽的星空，记忆中只见到过两次，一次是在南充市营山县城南镇，一次是在南充市蓬安县杨家镇，点点繁星，忽闪忽闪，仿佛汇聚了千千万万环保人的呼唤，也见证了我的两次"大学生志愿者千乡万村环保科普行动"之旅。

城南，共筑环保心

　　那是我第一次进行家访活动，但却是面对一个特殊的群体——留守儿童。我们在了解孩子们生活情况和学习情况的同时，也向孩子们分享了自己的成长经历，普及了环保知识，并鼓励他们快乐坚强地成长。在周星星小朋友家中，我看到了他的奖状墙和写满家规的小黑板，家访现场充满着温馨而又感人的画面。但当我和小伙伴到另一位小朋友的家中时，让我至今颇为震惊和难以忘怀的是他似张似合的嘴唇和迟迟未吐出的话，那就是内向。我们问了他很多问题，尝试和他交谈，但换来的依旧是他紧张得满是汗水的手和脸颊。通过他的奶奶，我们才得以了解到他的基本情况。但我依旧能从他微微的笑脸和偶尔的"嗯……啊……"当中体会到他的激动和开心。我们那天的家访带给他的帮助或许微乎其微。但这世上仍然有那么多像我们这样的人在努力着，所以，我相信一切都会改变。

那是我第一次为孩子们建立"美丽阳光"爱心成长档案册，我们通过纸质文档和电子文档同步记录留守儿童在此次环保科普活动中的点滴成长和变化，期待与他们建立长期的沟通桥梁，让关爱和成长不随时间和距离而间断。此外，我们了解了十名同学的家庭和生活情况，同学们把自己想对我们说的话认真地用笔写了下来，并记录在成长档案册中。看到孩子们真诚又稚嫩的话语，不禁觉得所有的努力都很值得。

那是我第一次带领营山县金华希望学校的小志愿者参观火烽村的新农村。途中，当小志愿者在草地捡拾到了一张废报纸时，我们提醒他们："我们平日生活中可以利用废物，变废为宝，废报纸也可以做成手工艺品！"返回城南二小后，小志愿者们分享了当天的感想和收获。之后，小志愿者在我们的带领下走进教室，体验了一堂妙趣横生的环保课。课堂上，我们以"守住金山银山"为主题向小志愿者们进行了环保科普。志愿者们积极发言，寇杰小朋友认真地谈道："环保不是玩儿，是用心。"赢得了大家的一致赞赏。我也意识到，环保其实也正在小朋友的心中生根发芽，这也是我们努力的意义所在。

蓬安，再现环保梦

当志愿者的旗帜在我们手中迎风飘扬的时候，这是属于我们志愿者的日子。蓬安县杨家镇是一个让人感觉很真实的场镇，走在马路两边，会有种回到了家乡的感觉，每每询问路况，总能得到村民们热情的回应。穿着志愿者服装，走在街道上，总是有村民主动上前，说："你们是什么团队，来做什么的？"我们会停下前进的脚步，认真讲解此次环保科普行动。记忆总是经不住地被拉回小时候，同样的街道，同样的真实，同样的社会实践，不同的是当时我只是个孩子。在成都市郫县（今郫都区）红光小学，志愿者哥哥姐姐们教我们进行手工艺品制作，并让我们分享制作理念，当时的我们惊叹："利用废弃塑料瓶、废纸能制作出如此精致的作品。"如今，光阴流转，角色转变，在距离家乡遥远的杨家镇，我成为环保科普志愿者，不一样的地点，却一样的真实，一样的温暖，一样的环保心。

是的，不管我们是谁，不管我们身在哪里，不管我们年龄多大，我们总是能被一种力量牵引在一起，那就是环保。环保科普，我们一直在路上，而在环保科普的路上，总会遇到形形色色的人，他们只为环保，却从不说感激。

小分队独自行动第一天，炎炎的夏日稍微收敛了些，伴着初升的太阳，杨家镇茨藤村的钟国荣书记前去杨家镇派出所，带领我们进行环保科普及农药、化肥使用知识宣讲，途中我们了解到当地的许多情况。同时，也被沿途的风景所吸引，我赞叹道："不得不说，杨家镇14个村庄建设十分完善，沥青的马路，成群的树木，各村庄之间的交通也十分方便，这让我们不禁想让这片青山绿水一直存在下去，没有一点点污染。"一会儿，我们便到达目的地，近60位村民聚集在一起，我们向他们集中宣讲农药、化肥使用知识，村民们都认真了解。当问到我们的表现如何时，大家异口同声说道："很好，可以。"我突然意识到："不管是在世界何处，也许环保在人人的心中，只是大家没有机会或是只是不知道怎么践行而已。"活动时间不长，但钟书记却给我留下了很深的印象，他说道："真的很感激你们这些志愿者，牺牲假期，来到这里宣传环保。"让我很动容，没有太多其他的杂质，其实最应该感激的是他，这种只为环保、不说感激的人。

　　进村第二天，我们早早出了门，在圣合村段小鹏主任的带领下，前往进行农药、化肥清洁生产宣传。一路上闲谈，风景很美，鸡、鹅、牛、羊随处可见，很真实、很好的日子。"你好，我们是西华师范大学的志愿者，正在进行暑期社会实践活动……"一户一户地介绍，一家一家热情地回应，让我很是感动。进村入户过程中，有七旬的老人，有两三岁的小孩，有在家务农的妇女，他们大都很热情，很认真地听我们的讲解，时不时地会问一些问题，交谈中我们了解到许多当地农药、化肥使用情况的信息。许多村民也坦言："知道农药、化肥对环境有害，但是为了增产不得不用。"我们能做的或许很少，我们也不能断绝农药、化肥的使用，但是我们可以通过不断地宣传讲解，让更多的村民了解如何正确使用农药、化肥，减少对环境的危害。

⑰
环保科普　我们在路上

西华师范大学环境科学与工程学院　周抑杨

　　在南充炎热的 7 月，我结束了大二生活。为了拓展自己、锻炼自己，在开始大三生活之前，我非常荣幸地参加了"三下乡"暑期社会实践，并于 7 月 12 日开始了为期 7 天的"大学生志愿者千乡万村环保科普行动"暑期社会实践。

　　我们这次环保科普行动的目的地是南充市蓬安县杨家镇，到了目的地，接待我们的是那里的相关人员，他们亲力亲为地安顿了我们的住宿，介绍了一些情况。对我们开展的工作也给予了最大的帮助，没有他们的帮助，我们的活动难以顺利开展。我们的团队分为6个小分队，分别是碧水蓝天、环境监测、低碳节能、农业宣传、绿色生活、环境教育。我在碧水蓝天小分队，我们小分队通过文艺汇演、问卷调查、发放相关环保资料以及张贴环保海报这些活动，让我们更加深入地了解了当地的文化，也给予我们机会把我们所学到的知识教给他们。通过走访乡村、派发相关资料，我们真正地走进了农村，也了解了农村。

在活动正式开始之前准备了开幕式，虽然大家准备得比较仓促，但是都很精心地准备，我们36位大学生志愿者通过环保时装秀以及大合唱向村民展现了我们的精气神。

在这为期几天的实践中，在杨场村张贴海报、宣传环保知识、发放调查问卷，在杨家镇开展问卷调查并回收40余份有效问卷，在八角村宣传环保知识、开宣讲会，一起准备闭幕式等，我们同微笑、同服务、共吃苦，互相帮助，团结协作。原本不相识的人，也变得熟悉；原本的陌生人，也成了朋友。我们互学习、互努力，共付出、共奉献。

对我来说，这个过程就是一个实践的过程、提高的过程。让我收获到了很多，学习到了很多，感受到了很多，领悟到了很多，成长了很多。不管在工作方面还是生活方面，我的能力都有了很大的提升。比如学习了如何写新闻稿、如何主持、如何与人交往等。在这里，为我们提供了一个学习社会知识和展现自我才华的舞台，我们一起做问卷调查、一起去宣传环保知识、一起表演节目等，在合作中锻炼了我们分工协作的能力。同时，也展示了学校形象，发扬了学校作风，体现了当代大学生应有的风采，展现出了当代大学生良好的精神风貌和不怕苦、不怕累的精神。通过这短短一周的体验，从城镇到农村，从留守儿童到空巢老人，我们接触到了不同角色的人。不仅在很大程度上锻炼了自我的能力、了解了社会现状，更多的是带给我们不少思考。

通过活动，我得到很多的快乐与心灵的满足，这一切都是我宝贵的财富，这是从书本中学习不到的。同时在这次的志愿服务中，我体会到团结的力量，相信只要大家积极地投入、热情地参与、团结起来，即使再棘手的问题也可以迎刃而解。

经过这次活动，也让我重新认识了自己，看到了自己的各种不足，比如与人交往过程中内心的障碍，有时太过胆怯等，但是这些不足同时也给我指明了方向，让我明白在未来应该怎样去克服。我们既是志愿者也是受益者，这次活动使我更有能力，真心去实现人生的价值。活动已经圆满地画上了句号，其中的心酸与感动，我想都将是一份美好的回忆。忘不了那漫山遍野的玉米，忘不了那随风飘舞的悠悠青草，忘不了在那村落和小镇穿梭的绿色身影；也忘不了农村留守儿童那天真稚气的笑容，忘不了空巢老人那刻满风霜的脸和仁慈的眼神；更忘不了烈日中我们之间相互扶持、相互依赖。而这一切的一切都将永远被珍藏在我们的似水年华中。

通过这次对蓬安县杨家镇的了解，我觉得我们也要对这类活动有一些新的想法，对于这种现象，说明我们的环保理念还未完全走进乡村，很多人不知道环保的事。我们要加大宣传力度，不管是从实践还是从理论，我们都应该将环保事业作为现在发展的一个重大问题，应该呵护我们的大自然。更要加强环保科普知识以及生活中环保小常识的普及，环境教育从幼年开始，从小做起，当世界越来越多的人开始环保，那么我相信绿水青山并不遥远。

当然，这次出来并不仅仅只是知识上的提升和能力上的锻炼，也感受到了杨家镇的风土人情，更体验到了一群人在做同一件事的团结和心灵的沟通。杨家镇的人非常热情地接待我们，每一个乡镇干部都全力配合和支持我们，为我们提供了很多的方便。我们也跟着小朋友一起做游戏，渗透环保知识，举办一些比赛，加强小朋友的沟通和交流，让他们知道环保的重要性，我们也体验了小孩子的天真，和他们一起玩得特别开心，这一次真的不负出行。更重要的是，当一群人团结在一起的时候，彼此间非常地信任。此次我们 36 名志愿者，不分你我，同一个地方吃饭，一起玩耍，一起搞活动，一起商量对策。从陌生到熟悉，也许要很多年，也许只要两秒钟，我想当我们穿着同样的衣服的时候，我们就已经很熟悉了。虽然不忍分别，但我们一定会深深记住这一次的相遇，记住这一次的所有感动与相处的时光，只要时光不老，我们再次相遇的时候还是会相拥，当我们再次穿上同样的衣服时，我们不分你我，我们同样为环保加油！

然而，这一切并没有结束，我们将以此次活动作为新的起点，怀揣着这一段美好的记忆，带着感动与思考启程，去践行环保理念。

⑱

传播绿色　展望未来

西华师范大学环境科学与工程学院　王春莲

　　2017 年 7 月，怀揣着对环境的热爱，我参加了 2017 年暑假"大学生志愿者千乡万村环保科普行动"。有人曾说："在学校能学到的只是人生知识的 5%，而另外的 95% 则完全依靠我们到社会中去实践。"诚然，知识储备需要不断积累实践经验才能逐步完善。身为环境科学与工程学院的学生，我们更应当将自己的专业知识应用于社会实践中。

　　随着我国经济的发展，有效利用能源、减少环境污染、及时应对突发环境事件、确保生命安全的重要性日益凸显。制定并执行环保政策和措施，旨在保护环境的同时改善人民的生活质量，已经成为我国民生工程的关注点。保护环境不仅关乎人们的生存环境，也影响着经济发展。环境保护就是运用环境科学的理论和方法，在更好地利用自然资源的同时，深入认识污染和破坏环境的根源及危害，有计划地保护环境，预防环境质量恶化，控制环境污染，促进人类与环境协调发展，提高人类生活质量，保护人类健康，造福子孙后代。自然环境是人类生存的基本条件，是发展生产、繁荣经济的物质源泉。如果没有地球这个广阔的自然环境，人类是不可能生存和繁衍的。

那次环保科普活动的地点是蓬安县杨家镇。我们是农业宣传小分队，在茨藤村进行农业知识的宣传，呼吁广大村民注重生态农业，使子孙后代能可持续发展。我们采取发传单、发表演讲、邀请村民参与填写调查问卷的方式进行宣传。我国农业生产活动中大量地使用化肥、农药，严重地污染了环境，破坏了生态平衡，影响农业的可持续发展。而生态农业的生产原则是充分发挥动物、植物、微生物和人类的相互作用，采用物种或品种轮换种植的方法，注重利用天敌防治害虫，有效地减少化肥和农药的用量，并且生产出无污染、无公害、有益于健康的绿色产品。生态农业是以生态与环境建设为基础，注重农业生产经营与生态状况的协调、互补，净化水质、土壤、空气。所以经常处于生态农业环境条件下，人的身心状况就会得到改善，增强抗病能力，对减少疲劳、恢复健康大有裨益。可以通过生态农业旅游开发，以清新的田园风光让游客亲近农业、亲近自然，从而愉悦于人、陶冶情操。

随着人口的迅速增长和生产力的发展，科学技术突飞猛进，工业及生活排放的废弃物不断地增多，从而使大气、水、土壤污染日益严重，自然生态平衡受到了猛烈的冲击和破坏，许多资源日益减少，并面临着耗竭的危险；水土流失、土地沙化也日趋严重，粮食生产和人体健康受到严重威胁，所以维护生态平衡、保护环境是关系到人类生存、社会发展的根本性问题。

在那次"大学生志愿者千乡万村环保科普行动"社会实践过程中，我们积极引导村民进行绿色消费，合理使用化肥，形成持久的环保意识形态，提高了村民们关于环保的自觉行动能力，在日常生活中树立尊重自然、顺应自然、保护自然的生态文明理念，把生态文明建设融入茨藤村建设的各个方面。

大学是一个小社会，步入大学就等于步入半个社会。我们不再是象牙塔里不能风吹雨打的花朵，通过社会实践的磨练，我们深深地认识到社会实践是一笔财富。社会是一所更能锻炼人的"综合性大学"，只有正确地引导我们深入社会、了解社会、服务社会、投身到社会实践中去，才能使我们发现自身的不足，为今后走出校门、踏进社会创造良好的条件；才能使我们学有所用，在实践中成才，在服务中成长，并有效地为社会服务，体现大学生的自身价值。今后的工作是在过去社会实践活动经验的基础上，不断拓展社会实践活动范围，挖掘实践活动培养人才的潜力，坚持社会实践与了解国情、服务社会相结合，为国家的全面发展出谋划策。坚持社会实践与专业特点相结合，为地方经济的发展贡献力量，为社会创造新的财富。

那次"大学生志愿者千乡万村环保科普行动"社会实践不仅使我对基层环境有了初步了解，更使我切身体会到了环保科普在生态保护、污染治理方面的重要意义。作为当代大学生，我愿为环保事业尽绵薄之力，低碳环保立足点滴生活，让绿色之美常驻身边，让乡村之秀更添时代的呼唤，让环保意识深入人心，利用自身所学为建设新农村、共建美丽中国贡献自己的力量。以行践知进基层，千乡万村环保科普行，我们一直在路上。

(19)

"千乡万村"环保愿　星星之火人人传

西华师范大学环境科学与工程学院　曾超

　　我觉得做一件事应当有足够的缘由动力。在环境教育协会的时候，我分享过一个故事：在我小时候，我们家门口有一条小河，小时候村里男人在河里嬉戏游泳，女人在岸边用木棍打衣服。我亲眼看见一位叔叔钓了一条几斤重的大草鱼，这是我对生态环境与人民生活的理解。但是随着时间的流逝，原来的母亲河变成了现在的臭水沟，这使我意识到生态环境的重要性。村里为了响应环境保护号召，在河边建设垃圾池，渗滤液直接排放到了小河里。这使我意识到了生态环境教育与科普的必要性。家乡情结也许就是我从此以后的大学生活和生态环境教育与科普结下不解之缘的原因。

生活中机遇就像从天而降的雨滴，每个人都会遇到适合自己的那一滴，而我遇到了西华师范大学环境教育中心、环境教育协会，遇到了生态环境教育与科普的大学生活模式。2017年"大学生志愿者千乡万村环保科普行动"，很幸运我选择了"她"，同时"她"也选择了我。现在回忆总感觉当初的自己有使不完的力气、磨不灭的激情。还记得在杨场村大气采样流下的汗水，广播环保小常识时的小小胆怯；还记得在清华村前讲解生态畜禽养殖方式时的一丝不苟，在玉堂村与村民环保面对面相谈甚欢；还记得在乡乐村送别时为村民唱的《我相信》，脸上淡淡的不舍，杨家镇集市上的问卷调查，社区里测噪声，都是生态环境保护在当地的开始。2017年，我是参与者。

到了2018年，从最开始的策划到最后的平安返校都是自己在组织。编写策划方案时，伙伴们挑灯夜战；方案确认后，小队长选拔，制订详细的活动方案，似乎一切都是顺理成章，一旦第一步迈出，后面的接踵而至。经过前期的策划，7月15日按时出发，前往2018年"大学生志愿者千乡万村环保科普行动"目的地——朱德故里马鞍镇。在琳琅村与风景区，有我们认真调查的面孔，面对景区工作人员，面对外地游客，面对当地农家乐居民，面对烈日炎炎、蝉鸣鹃啼，迎着日出，守着日落。在仪陇县环境监测站，我们将书本知识与实践结合，想着这些设备应该如何体现二次价值，怎么加以利用以实现教育与科普。在马鞍镇客家步行街，我们克服了身体的不适、冷漠的陌生人，努力将生态环保理念传播得更广、更深。在环保游园会上，每个小分队各有特色，他们的目的都是一个——将生态环保理念传出去，绘梦环保愿、大讲环保语、喊出环保梦、送垃圾回家、环保谣言终结者等。那天我们就是那条街上最亮的环境人。每一年的闭幕式都比想象的来得快，我们用歌舞、用诗歌、用相声、用情景剧，每一个动作、一字一句，都是我们的告别，我们要走了，希望那里会诞生无数个我们，继续我们没有完成的生态环保愿望。2018年，我是策划者。

2019年，明白有一种爱叫作放手，我要为自己的学业努力，不能再去参加了，即使心有不甘。可是依然忍不住去了解关于活动的动态。他们走了，没去送，正如梁实秋的《送行》中的一句话——"你走，我不送你，你来，无论多大风多大雨，我要去接你"，我和一位伙伴去到天宫乡，陪着他们完成闭幕式，平安地将他们接回学校。2019年，我是旁观者。就像生活中，即使我们的角色在不断地变化，只要我们能够保持初心，记住自己最初的信念，无论身在何处、从事何事，从细节融入生态环保，我们就是当之无愧的环境人。

国家越来越重视生态环境，制定了一系列政策措施，开展了环保督察及回头看。很多政策措施针对城市的效果显著，因为城市人口集中、人口素质较高。但是我国农村地区远远大于城市地区，农村人口也不容小觑，农村人口分布稀散，而且农村地区居民多以老人和小孩为主，文化程度不高，环保意识薄弱，属于重难点。让有激情、专业的志愿者走进乡村，将环保科普知识全面、深入、易懂地传递给中小学生、老师、村委代表等。让一个人去影响一群人，让一群人去影响更多人，由一带多、由点带面。推广高效生态循环模式，结合当地的情况将鸡、鸭、牛等家禽的专业养殖知识传递给农民。促进养殖业发展，提高经济效益。倡导垃圾分类，变废为宝，传递垃圾分类知识，提高资源利用效率。通过驻扎在乡村，了解真实的乡村活动，形成真实、可用的可行性研究报告，作为相关单位的参考，真正地解决存在的环境问题。

在实践中，不同角色的收获和感悟都是不一样的。作为一个参与者，我更加看重活动的参与感、存在感，我结识了很多不同的伙伴，认识更多优秀的人，自己也会向着这个方向发展，变得更优秀；其次是了解到农村地区生态环保资源的匮乏性，我们应当让更多有志之士参与其中，真正实现以点带面、可持续发展。作为策划者，我带领了更多的有志之士投入其中，提升了自己的能力，同时也给当地带去了不一样的生态环保资源。作为旁观者，我看见了在我之后仍然有这么多的同路人在持续做我们没做完的事，对我国生态环境的未来充满信心。

记得我当负责人的时候，有一位伙伴问我："我们能给他们带去什么实际的东西吗？"我思考了很久这个问题，实际的东西不就只有我们发放的生态环保科普教育的物品吗？我们到底带给了他们什么？一次走神的观察让我得到了答案，一位妇女手里拿着空塑料瓶，因为要提东西想随手丢弃塑料瓶，而她的女儿却说："妈妈，上次给我们上课的环保大哥哥说不能乱扔垃圾，要按照分类丢弃在相应的垃圾桶里。"我恍然大悟，这不就是我们的目的吗？这不就是我们带给他们的东西吗？无论他们当时能够接收多少环保信息，只要我们在他们的心中种下一颗生态环保的种子，那么就总会有它发芽并且茁壮成长的一天，再由他去影响身边的人，往替循环，美丽中国梦，来日可期！

我与"千乡万村"的两年

西华师范大学环境科学与工程学院　韩定美

　　能与你遇见，不仅是一场缘分，更像是命运的安排，最开始选择环境专业是一个意外，而后来热爱环境专业却是不变的信念。2016 年，从大山里走进象牙塔的我，对"环境""环境保护""环境专业"等词语一无所知，好像保护环境、守护大自然与自己无关。第一次听说你，是课上老师不经意的提起，我便深深记住了你的名字——"大学生志愿者千乡万村环保科普行动"，所以与你接触就像是冥冥中注定，我们慢慢认识，你慢慢改变了我，我慢慢喜欢你。

　　喜欢是一时的兴起，热爱却是持久不变。喜欢是因为我遇见了西华师范大学环境教育中心和环境教育协会，一个积极开展环境教育与科普活动的社团。就像惊喜一样从天而降，我第一次知道教育不仅仅是学科知识和德智体美劳，还有提升大中小学生的环保意识和环境保护技能；第一次知道环境保护不仅仅只是规范自己，更重要的是如何影响更多的人；第一次发现保护生态环境是我们每一个人的责任和义务。热爱却是因为与"大学生志愿者千乡万村环保科普行动"待在一起的这两年，由于自己什么都不懂，理论知识不扎实，由于喜欢环境教育，由于自己从未参加过任何实践活动，想走出学校、锻炼自己，由于心里始终埋藏着一颗建设乡村生态环境的种子，由于热爱环境教育事业，所以慢慢向你靠近。让我收获到的不仅仅是遇见这样一群人和自己的实践能力，更是坚定做一名生态环境教育的传播者，做一名生态文明的建设者！

　　第一年，我们好像不太熟，在 2017 年"大学生志愿者千乡万村环保科普行动"暑期社会实践中深入了解。炎热的 7 月，通过激烈的竞争、严格的选拔，我最终幸运地进入了碧水蓝天小分队，我们小分队一共有 6 名志愿者，此次活动一共有 6 支小分队，共计 36 名志愿者参加。前期，我们认真地准备，做出小分队完美的规划，期待着这次暑期社会实践，期待我们能将环保知识带到环保意识相对薄弱的地方。然而，当我们兴高采烈地到达南充市营山县杨家镇的那一天，我惊呆了，我们差点没有住的地方、没有吃饭的地方，有些村民不太能够接受我们的到来，少数村民甚至认为我们做这些都没有用，这无疑是在热情似火的 7 月给了我们一块冰。此时，队伍里出现了抱怨、想放弃的声音，收拾好住处以后，队长组织我们开会，我们调整了小分队规划，队长安慰劝导我们，队员之间相互打气加油，忘掉白天的不快，明天我们重新启航！七天的"大学生志愿者千乡万村环保科普行动"中，通过与队员之间的相互分工合作，开展环保讲堂、分发和张贴环保宣传海报、走访调查等，深入了解了杨家镇存在的环境问题。有位村民让我们在他家坐了一个多小时，他给我们讲起了杨家镇的历史，描述了杨家镇的环境问题，他说道："我们也不知道该怎样去保护环境，因为村民环保意识普遍缺乏，河里垃圾渐渐多了起来，一到夏天，到处都能够闻到臭水沟的味道。我们都大字不识几个，上面的政策也不太懂，所以大家也不知道怎样去改正。"这些话引起我的反思，作为一名环境专业的人，无法通过我一个人的力量去解决乡村的环保问题，但我知道做环保的人越来越多，环境问题就越来越少，这是我坚定地走下去的原因。回想这一周，我们曾大汗淋漓走在路上，走过每一家、每一户；曾被人误会是偷偷去检查而排斥我们；曾被人笑过，但大多数时候，被人夸赞；中小学生笑着拥抱我们；村民热情地接待我们；队伍从最初的陌生变得团结友爱，每一位志愿者都是彼此的好朋友，互相帮助，共同成长，我们一群志同道合的大学生志愿者努力用心去做环境教育。在杨家镇扎根一周，走进乡镇山村，将环保带进千万家，带到每一个人的心里。深入与村民交流，加深他们对环境保护的理解，增强他们的环境保护技能，一起守护我们的"碧水蓝天"，一起守护绿水青山。

在我的记忆深处，有这样一户人家，当志愿者靠近他们房子的时候，他们以为我们是政府部门检查的，他们闭门不出。他们家门前有一条水沟，原本应该是水声潺潺、清澈见底，但是水沟里没有水的流动，反而是绿色、黑色笼罩的。我们本来想和那家村民交流一下、探讨一下原因，结果第一天没能见到。第二天我们又去，耐心地讲明我们的意图，讲明我们暑期社会实践的意义，村民才勉强愿意和我们对话。通过调查和交流，我们发现他们中有很多人觉得垃圾就应该乱丢在山上、丢在河里，家门前的土地成了所谓的"垃圾桶"，堆积得太多的时候就直接焚烧，灰烬就直接随处飞扬。这些都是不规范甚至带来更大危害的处理方式，但是他们不知道。那家村民也不知道他家门前的那条水沟为什么变成黑色的、绿色的，就像农村很多人不知道为什么小时候家门前的那条小河清澈见底可以捉鱼，长大后那条小河却不见了。他们不懂得如何正确地去保护环境，我们就将一些易懂、简单的环保小技巧以及环境危害知识等普及到每家每户。

为期一周，队伍变得越来越好。因为你，结识了这一群志同道合的人，不管是从做人还是做事方面都极大地锻炼了自己，第一次走出校园，将学到的东西与社会现状接轨。当看到无数的中小学生舍不得我们，我们给他们带去的是从未有过的环保课堂活动体验，让他们都成为环保小卫士。无数的村民、领导从开始的不太接受到为我们竖起大拇指，无数的公众从不知道环保到懂环保，而且愿意用自己的行动来守护我们的大自然，或许这就是我们一群人这一路走来的意义！

第二年，我们好像是老朋友了。通过自己不断的提升和行动，坚定自己热爱的方向，幸运地组织了 2018 年"大学生志愿者千乡万村环保科普行动"暑期社会实践。作为负责人，我看到了作为队员时没有看到的一面，这是一场有点辛苦却很幸福的"旅行"。作为组织者，从活动的策划、选址、组织到最后活动的成功开展，以及最后的总结工作，我都深入参与其中。犹记得出发前的几天，我和老师一起，每天组织小队长在一起商讨活动的具体安排，一起熬夜，一起工作，我们不知道这一周会有什么样的意外，我们不知道我们会面临什么、我们能不能做到，但是我们相信要倾尽全力去做。

最后，我们一行 24 名志愿者去了朱德故里——马鞍镇，那里山清水秀，却依然存在大大小小的环境问题，很多环保设施没有建设完全，许多公民还缺乏环保意识。我们通过开展环保课堂、组织绿色讲坛、广播绿色之声等方式让环保理念慢慢深入公众心中，进入每家每户深入交流，让更多的人明白环境保护不只是一个人的责任，也不只是环保部门的责任，而是每一个公民应该牢记于心、付诸行动的事。这一路，都只是为了让更多的人懂环保，做环保、将乡村建设得更加美好！

从这两年每年为期一周的环保暑期社会实践中，我深刻体会到从队员到组织者的改变，作为一名组织者去策划这样的大型活动，必须要有坚定的信念和信心。暑期社会实践是对青少年的一种锻炼，也是对当代大学生的一种磨练，全面提高自己的综合素质，也提前让大学生从校园走向社会，树立自己正确的价值观、人生观、世界观。

更重要的是深入了解了环保科普的重要性，如何将环境保护带进"千乡万村，千家万户"！我是从农村走出来的大学生，我知道因为环保设施建设不到位、监管不到位、公众环保意识较差，可能会毁坏乡村的自然美景、破坏生态环境。所以小时候见到的河里的鱼，长大后就见不到了；小时候清澈见底的水沟，长大后只见表面的黑色。将环保这件事做到底，将环保带到千乡万村，让志愿者走进千家万户，这是最值得做的一件事。很多人都会问我们，为什么要这样做，有什么意义？我想现在的我们可以大声回应：让乡村鸟语花香；让每一个中小学生知道环保的意义，为环保而行动；让公众看见环境的变化，把大自然当成朋友；让我们身边的每一个人都成为建设生态文明的一分子；这就是我们为何而做！我们应当一起努力把世界变得更美好。一个人的力量虽小，但是我相信通过一个人影响一群人，再影响更多的人，环保这条路只会越来越宽。愿你我会相遇在环保这条路上并携手走下去！

"大学生志愿者千·乡万村环保科普行动"至今已在南充市内各个乡镇连续开展五年，未来我们一定会将环保带到全国各地的乡村，带动世界的每一个人加入建设绿色、保护环境的行列中来。很幸福，陪你两年；未来，环保事业值得每一个人努力一生！

(21)

我的"千乡万村环保科普行动"成长之旅

西华师范大学环境科学与工程学院　唐敏

　　2018 年是西华师范大学"大学生志愿者千乡万村环保科普行动"的第四个年头，这也是我与"她"的第一次相遇。谈到对这五年来环保科普活动的感受，我想，这五年不仅是"大学生志愿者千乡万村环保科普行动"的不断进步，更是追随"她"的我们在步步成长。2018 年"大学生志愿者千乡万村环保科普行动"，就是我的成长。

　　六月，我第一次邂逅"大学生志愿者千乡万村环保科普行动"，在此之前我从未有过志愿者经历。这次难忘的经历也告诉我实践永远是检验真理的唯一标准，志愿活动不是纸上的高谈阔论，经历过、实践过才能知道其中滋味，其间会有困难、有挫折、有汗水、有争执，但最后剩下的会是一生都无法忘记的回忆与骄傲。

回忆起当时在仪陇县马鞍镇的一周时光，回忆起和小分队队员们的苦和累，回忆起和马鞍镇小朋友的笑与泪。这些点滴就像是漫长人生调料匣里的调味剂，虽然酸甜苦辣，但却酝酿出了多姿多彩。

每个第一次都是崭新却又艰难的，回想从六月初的准备到七月的实践，这期间一切的材料、计划、想法从无到有，从我们每个人的脑海中绽放，从每次开到深夜的会议中诞生。

"美丽中国，我是行动者！"为了我们心中对环境的坚持，我们集结在一起。我们将这次大学生志愿者环保科普行动环境教育小分队的实践内容大致定为环保科普、实践调研以及日常活动三部分。环保科普方面，我们小分队从在校学生和当地居民两方面入手，分别开展了环保课堂和环境游园会两个特色活动；实践调研方面，则是通过环保问卷来进行调查。一周的时间，每天的工作满满当当。和小分队队员们在这七天里也从陌生到熟悉，从拘谨到开怀，从怀疑到真诚，从争执到统一，从开始的什么都不会到后来的步步攻破，即使每天的工作多到可能无法完成，但我们也会一起加班定时、定量地完成。我想那时候的我们叫作一个团队，环境保护需要的就是影响，用我们一个小分队、一个小团队去影响更多的人，去号召更多的人来关注环保，加入我们。

成长对于每个人来说都是一条坎坷又没有尽头的路，或许很多时候感受不到大的波浪，但回首才会发现在磕磕绊绊中我们都在慢慢进步。人生不就是要走很多路、遇见很多人、做很多自己喜欢的事吗！而在环保路上有这么多愿意和你同甘共苦还志同道合的人何其幸运。

当然这次我最大的收获还包括遇见了一群鲜活阳光的小朋友，在和他们相处的几天中，我们从生涩到熟稔，他们从羞涩到活泼。他们在慢慢成长的过程中，我们也在一点一点进步。在我们对他们进行环境教育的同时，他们也在教育我们，他们教会我们耐心、仔细、努力，他们带给我们欢笑、感动、幸运。

在这期间，我们为小朋友们开展了一堂垃圾的"前世今生"环境教育课堂。我们从"垃圾从哪里来""垃圾如何分类、处理""我们应该如何践行零垃圾生活"等方面入手，为小朋友们深刻解释了垃圾分类。还记得课间，为了巩固所学垃圾分类知识，我们和小朋友们玩起了"争分夺秒，我是垃圾分类小行家"游戏，我们还带领小朋友们利用废弃塑料瓶、纸盒、报纸、一次性杯子等，动手制作出火箭、手机等工艺品。当我们鼓励小朋友们在平常生活中要善动脑、勤动手，使垃圾中的废品"物尽其用""变废为宝"，同时在日常生活中要减少垃圾的产生，积极用行动来践行零垃圾生活后，立马就有一个小朋友说道："一个人一天居然要产生 2.4 斤垃圾，仔细想想，在以前的生活中我们真的产生了很多垃圾。我以后一定要在日常生活中，减少垃圾的产生，做好废物利用，做一个零垃圾女孩。"那时候我更加深刻地认识到小朋友们不是缺少对环境的保护意识，他们缺少的是环境教育，缺少的是如何正确保护我们环境的方法。环境保护需要大家来参与，作为当代大学生，我们更应该认识到环境教育对环境保护的重要性。先进的环境保护意识可以对人们正确的环境思想观念起到深化作用，又可以对错误的环境思想观念起到抵制转化作用。这次活动设置了一项"环保谣言大揭秘"活动，目的就是让大家对环境保护有正确的认识。

世界上所有的成长都是相互的。我们给他们带去环保知识，他们也为我们带来了惊喜。回想起最后一天的闭幕式前，初次带领他们排练节目时，没有足够的排练时间，没有好的硬件设备。小朋友们靠着自己还没有完全被发掘的音乐细胞，为我们小分队、为所有志愿者唱出他们的心声。虽然大家的歌唱得咿咿呀呀，但歌声就是心声，我们收到了他们的祝福与爱。至今我还能记得那首改编的《环保童年》。

我想知道为什么

塑料袋这么受欢迎呢

我想知道为什么

垃圾总是被随地丢弃

地球上的水有一天会被我们用完吗

有一点好奇　有一点幻想

谁来告诉我答案

老师他终于告诉我

垃圾是要被分类回收的

淡水资源不被珍惜

明天只剩我们的眼泪

地球环境十分脆弱　所以要我们去保护他

少一点浪费　多一点珍惜

我们是环保卫士

我要一片蓝蓝天空

别让酸雨淋湿我这个梦

我要一条清清小河

别让污水流进去了

地球生活安静祥和　盛满孩子们的欢声笑语

少一点污染　多一点环保

明天会更加美好

他们在写课堂感悟时曾说道："谢谢各位哥哥姐姐，我们学到了很多，希望你们再来看我们，再回来和我们聊聊我们的地球。"看着他们歪歪斜斜的字，我的内心无比感触。志愿者的生活或许就是这样，赠人玫瑰，手有余香。那时候我感到很惊喜、感动，才发现原来自己的一举一动都被记录在大家眼里，所有的付出都开出了花，长在我们和马鞍人民心间。也是那时，我深深地感受到了我到那儿对他们以及对我自己的意义。

从胚胎到生命的终结，我觉得人生不能就只是在进行碳的循环。古有："为天地立心，为生民立命。"每个人都该有自己对人生、对社会的交代，寻找人生价值，但是人生的价值到底是什么？作为一个学环境、爱环境的大学生，在环保科普活动中，我将环境保护通过环境教育落实到实践并且尽自己的力量去带动更多人关注环境保护、参与环境保护、从身边的点点滴滴践行环境保护时，我找到了我的价值。

感谢邂逅，努力成长。美丽中国，我是行动者！

㉒

妙不可言的环保科普行

西华师范大学环境科学与工程学院　赵碧琳

　　2018 年，我与"大学生在行动环保科普活动"第一次相遇，那一年，"她"的名字还叫作"大学生志愿者千乡万村环保科普行动"。那时候，我对"她"还知之甚少，机缘巧合之下我成为启动仪式暨志愿者招募的工作人员，在现场听了许多师兄师姐介绍这个志愿者活动。志愿、环保科普、可爱的团队、难忘的经历……都是"她"吸引我的地方，于是我决定参加志愿者面试，但当时并未通过面试。经过一年的历练、成长，加上一年来在环境教育协会积累的经验，2019 年我有幸地成为"大学生在行动环保科普活动"暑期社会实践的一名志愿者，并担任了生态调查小分队的队长。

最艰难的时期是在前期准备时，那段时间也刚好是期末复习的紧张阶段，交计划书的截止日期近在眼前，还未开始复习的科目的考试日期也渐渐逼近，那段日子每天就是复习、查资料、改计划书、复习，循环往复。有时在电脑前一盯就是一整天，甚至有些崩溃，也想过放弃，问自己为什么要当队长呢，当一名队员又未尝不可，也可以参与到志愿者活动中，前期也不用这么累。或许是做一件事就要一直坚持到底的习惯让我坚持了下来，那段时间经常和小伙伴们一起把电脑搬到办公室，一起写计划书，一起复习，一起想方案，当时可能"抓破了头"，现在想来，却也有一番别样的"甜蜜"。

志愿者活动正式开始是在 2019 年 7 月 14 日，所有的所有都已经准备就绪，所有的队员都整装待发。一大早，24 名志愿者和 2 名老师就带着自己的行李、团队的行李坐上了开往阆中市天宫乡的大巴。路边的风景渐渐地变得陌生，正因如此，让人更想要认真去欣赏，这个时候就会发现车速竟如此快，快到你还来不及好好地静下心欣赏路边的风景，就已经到了目的地——天宫乡中心学校。古色古香的学校，体现当地特色的装潢让我不敢相信自己接下来七天可以住在这里。体现团队协作的第一步当然是可爱的男孩子们帮我们把行李搬到住的地方。在简单地收拾整理以后，寝室已经像模像样，有了生活的气息，有了欢声笑语。午饭是食堂叔叔阿姨精心准备的家常小菜，大家围坐在圆桌旁一起吃饭，有一种家的感觉。

七天的志愿者活动，对身处其中的我来说，是难忘的七天。七天里，我们为开幕式一遍又一遍地彩排节目，最终在开幕式上大放异彩；七天里，我们写了无数篇新闻稿、日记，写了又改，改了又改，一则可能发表的消息会让我们欣喜若狂；七天里，我们用脚丈量了天宫乡的许多村子，见到了在烟雨朦胧的早晨，远处迷雾缭绕的高山，见到了公路旁一丛丛的波斯菊，见到了满池塘出淤泥而不染的荷花，见到了网红香蒲草；七天里，我们识别了 156 种植物，包括 32 种外来入侵物种；七天里，我们见到了许多热情的村民，关于环保，我们耐心讲述，他们驻足聆听……

七天里，当地的小向导缪琳琳带着我们走了无数的地方，我们调查了 100 多种植物，有可全草入药消炎止血、祛风湿、治血尿、水肿、肝炎、胆囊炎、小儿头疮等症的小蓬草；有清热解毒、散瘀活血，主治上呼吸道感染、咽喉肿痛、急性阑尾炎、急性黄疸型肝炎、胃肠炎、风湿关节疼痛、疟疾，外用治疮疖、毒蛇咬伤、跌打肿痛的鬼针草……一次次的记录、填写、查资料让每种植物的名字深深印在我的脑海，植物的世界一步一步地向我敞开大门，向我展示另外一个神秘、有趣的世界。

现在回想，最不让我后悔的就是我勇敢地站在了队长面试的教室里，大胆地说出了自己的想法，在期末复习的关键时期依旧坚持准备。因为这样，我最终才能遇见我的两名队员，并带领他们成功完成志愿者活动。我的小分队里有一位比我大一届的师姐，她连续三届申请这个志愿者活动，只因一腔志愿热血；因为她是师姐，所以在很多事情的思考上都比我们要全面一些。另外一位是和我同届的男孩子，在绅士风度方面他可谓是模范，小分队单独活动的时候，重物都是他背。下雨外出，他主动担起识别植物的任务，雨伞遮不住他忙碌的身影，后背的衣服全被打湿也未抱怨一句。在两名队员身上有太多我自愧不如的地方，让我觉得我前期的准备是值得的，因此我才能遇见他们；再多的忙碌也是应该的，这样才能配上他们的优秀。

2019 年"大学生在行动环保科普活动"暑期社会实践是一个让我这辈子都可以引以为豪的志愿活动，是一个别人一说名字我就可以滔滔不绝讲很多的活动。因为在这个活动里，我遇见了最可爱的 2 位指导老师和 23 位小伙伴，我看见了天宫乡山野的魅力，结识了热情大方的村民，吃到了食堂工作人员精心准备的三餐，认识了天宫乡中心学校可爱的小朋友们。

一个人的一生中有很多妙不可言的回忆，天宫啊，你是我难以忘怀的那一种！

㉓ 现实与理想的较量

西华师范大学环境科学与工程学院　幸华秀

　　潺潺流水、鸟语花香、地球母亲身着绿装——这样一个美丽星球的景象是我作为一名环境学子的理想。俗话说"理想是丰满的，现实是骨感的"。每每想起历史上的"八大公害"事件、如今的新闻中报道的环境污染事件，心中都感到深深的罪恶感以及对养育我们的大地母亲的愧疚感。一直有这样一种声音对我说："去做点什么吧！"

　　听从内心的声音，这股力量推动我走上了环保的实践之路：参加为期一周的"大学生志愿者环保科普行动"社会实践活动。走完这条短暂的环保实践之路，我对环境保护的认识发生了颠覆性的变化，这种变化曾让我挣扎，但最终让我坚定了我的初心。

　　窗外的风景不断飞跃而过，随着客车的行驶，离目的地仪陇县马鞍镇的距离也在一点点缩短。脚一踏进马鞍中学校园，环保实践就此开始。第一天打扫卫生、收拾住宿环境。等一切安排妥善，环顾四周，惊觉条件略微艰苦了些。也罢，"入乡随俗"，正好展现一下咱们环保人艰苦卓绝的精神。

　　一切都在紧锣密鼓地进行着。第二天的重头戏是开幕式，定在马鞍中学举行。在这场开幕式中，我的任务是走一次环保时装秀。环保时装秀是传递环保理念的一个重要手段，它告诉人们环保这一举措是一个"双赢"的策略，并不是人们观念中固有的保护环境就会限制发展的陈旧观点，环保是一个不断发展的理念。

　　前面的都是一些小序曲，环保实践活动是以各个小分队的正式行动为真正的开始。我们生态农业小分队的目的地是玉兰村，抵达玉兰村后，接待我们的是一位和蔼的刘书记，我们计划在村委会进行一次生态农业宣讲。很快，村民们都陆陆续续赶来了。正式宣讲之前，我们向村民们分发了调查问卷。我事先准备好了宣讲的稿子，本以为足够充分，在宣讲的过程中却还是状况百出。准备的宣讲知识过于书本化、不接地气，而且对村民们的提问，回答得自己都不知所云。回来后一反思，才悟出自己对生态农业的了解过少，对村民们的实际情况亦未深入了解，从而不能将两者有机地结合起来。

　　玉兰村主要靠种植柑橘来脱贫，因此第四天的任务就是对玉兰村村民们做一些专访。在采访过程中，大家都十分热情地回答我们关于生活和农业生产方面的一些问题。在一位村民家中采访时，恰好碰上了刘书记。在这之前采访了几位村民，了解到玉兰村的发展蒸蒸日上，于是萌生了采访刘书记的想法。尽管工作很忙，刘书记还是热情地接受了专访。整个采访过程中，在大热天里，村民和村干部都十分配合并帮助我们完成实践采访，他们的善良、真诚、质朴、热情都打动了我。特别是采访完刘书记后，他说要向我们大学生学习。其实，刘书记才是我们学习的榜样，他工作认真负责，时刻把村民放在心上、任劳任怨，还如此关爱我们大学生。

两天的下乡调查给我留下了很美好的回忆。原以为下乡会十分辛苦，但村民们的热情、积极配合，还有刘书记给我们周到的安排和接待，都让下乡之行充满温暖，深刻体会到了人间处处有真情。我想，这是那次实践中弥足珍贵的回忆。

之后的实践活动主要是做一些环保宣传和问卷调查。我以前也曾做过环保宣传和问卷调查，但每一次都有不一样的收获和感受。有一点令我感到难受的是，我们在做环保问卷调查的过程中，有些群众对环境漠不关心，当环境与自身利益冲突时，环境让了步。也有人觉得现在环境很好，不需要保护。这所谓的"很好"，是因为他只看到了表象。但也有很多人是支持环保的，他们也在为环境担忧。在这个过程中，有冷漠、有拒绝、有支持、有不理解，总之有苦也有甜。

不知不觉，实践活动就快进入尾声了，游园会和闭幕式是尾曲。一周的时间虽短，但收获颇多。收获了朋友、收获了感悟、收获了吃苦、收获了坚持……

七天的"大学生志愿者千乡万村环保科普行动"早已结束，却给我留下了诸多值得反思的地方。我看到了自身专业知识的不扎实，要想为保护环境贡献一份力，我需要掌握的知识和技能还有很多。我对环境现状的了解还只停留在书本层面，缺乏实践和调研。单从这次实践活动来看，群众环保意识薄弱，环保科普的推广仍是阻碍重重。作为一名环境学子，我的肩上有着保护环境、保护地球的重任；但仅仅一部分人在努力只是杯水车薪。如果不把环境放在第一位，地球的未来会是怎样？人类的未来又是怎样？

美丽地球的愿景一直在我心中，但地球早已千疮百孔。在现实与理想的较量中，理想似乎快低下了头，但这只是第一次较量。我相信，最终的较量结果是理想夺取桂冠。

㉔

调频——2018 年"千乡万村环保科普行动"

西华师范大学环境科学与工程学院 李孟林

● 人员召集——"大学生志愿者千乡万村环保科普行动"志愿者全体集合完毕

● 前期物资、准备工作检查——各项已经准备完毕

● 抵达预定时间——2018 年 7 月 15 日

● 抵达预定地点——四川省南充市仪陇县马鞍镇

● 任务代号"大学生志愿者千乡万村环保科普行动"启动！

● 快进

将时间的进度调整至 2018 年 7 月 19 日，这一天我们将镜头聚焦至马鞍镇的广场，而任务便是共同举办一场关于环境保护的趣味游园会。关于这次的游园活动，我们小分队准备了多项活动方案，而在现场情况调查之后发现，使用夏季的树叶制作叶脉书签并不是很合适，我们尝试制作的几片树叶最终也都失败了，所以将活动内容定为制作植物拼图。为此，我们准备了收集到的各样树叶并将其擦拭干净，准备好胶棒、双面胶、水彩笔、A4 纸，活动的内容则是小朋友利用水彩笔和树叶，发挥想象力在纸上作画，将树叶贴在纸上，绘制成各异的创意作品。

北京时间早上六点，还记得当时大家都十分地困，但是都一咬牙起床、洗漱、出门，我们小分队成为第一个出公寓门的团队。虽然这是一件很小的事情，但是我认为成长就是这样，在不经意之间，做一些不曾留意的小改变，一点一点直至最后悄然成为更好的自己。这对我们来说是一种成长、一种担当，因为想着活动的举办，所以大家不断做自己不曾做过的事情，不断取得新突破。

游园会现场，意料之外，我们小分队的游戏非常受现场小朋友的喜欢，因为只需要用最简单的一些树叶，再补充上一些简单的水彩画，最后呈现出来的就是一幅充满童趣与创造力的作品。现场有很多小朋友，大家都围坐在我们的桌子旁边，认真地制作自己的作品。奖品的设置也为我们吸引了更多的人，虽然有的参与者可能仅仅是为了最后的奖品，但是在制作过程中我们的环保科普教育以及制作完成后让小朋友写下的环保标语，都在无形之中影响了小朋友。希望他们回家后看着我们的小礼物时，可以想着之前有一群身穿绿色服装的哥哥姐姐在带领着大家进行环保小游戏。可能他们一时也不能很好地接受太专业的知识，但是现在埋下的种子终有一日会生根发芽、结出果子的。没想到我们的游戏很受欢迎，我们去的时候就有很多小朋友在那儿，他们天马行空的想象是很"小孩子的"。有一个大一点的女孩子，在创作完之后，还写下了"爱护树木，爱护环境"，这是我没有想到的。后面的小朋友也写下了"爱护环境"之类的话，他们还用拼音代替不会写的字，超级可爱。有个可爱的小朋友让我印象很深，可能女孩心里住了一个彩色的世界吧，她写自己名字的时候，每一笔一种颜色，女孩坚持完成自己的签名，即使奶奶在旁边催她，她也不为所动。这让我想起了我们现在是否还坚持着自己彩色的梦……

"小朋友让我提前下课，因为想来这边做环保小游戏。"在附近上补习班的老师这样告诉我们，可见我们的小游戏真的很受小朋友欢迎。在小朋友制作的过程中，我们团队的志愿者也在旁边不断地进行环保理念的传播，让他们将产生的垃圾扔进垃圾桶里，在生活中从小事做起，做到爱护环境。或许有的小朋友参加游戏是为了最后的奖品，但是只要在游戏过程中，我们对他们有输入，那么我们环境教育的目的就达到了。

小朋友们都很快乐开心，整个游戏活动的配合度很高。虽然制作植物拼图的过程很简单，但是想要真正制作好一个植物拼图并不是那么容易的事。我们需要的是耐心和细心，就像我们改善环境一样，我们要足够细心去发现生活中的环境问题，要细心地去寻找破坏环境的行为然后制止。我们需要更多的耐心去慢慢改善环境，环境问题并不是一下子就可以真正改善的，需要我们细心又耐心地保护和修复。

那天上午的游园会举办完之后，大家都很累，但是还是快乐的，因为是真的感受到了自己在为环保事业贡献自己的力量。在活动过程中，我们也注意了很多的小细节，比如不让活动产生的垃圾落地，在活动现场也没有购买瓶装水，希望可以通过这些小行为，一点一滴地向身边、向周围渗透我们的环保理念，也坚信环境一定可以变得更好！在制作过程中，志愿者们还提醒小朋友保护环境、爱护动物，使小朋友学会在生活中探索美好、在自然中寻找快乐，引起人们对自然环境的重视，共同携手维护自然环境。

整个实践过程中，我印象最深刻的部分是游园会，虽然我们小分队当天临时安排植物拼图活动，但是在活动过程中，参与的人数非常多。在活动内涵上，由于一开始准备不充分，并没有怎么深入，但是小朋友主动在作品上写下"爱护植物，人人有责"，一下子点亮了活动。可以看出来，小朋友自己的心中是有环保理念的，相信在将来，环保理念将会在越来越多的人心中生根发芽。但是，我们也发现城镇中中老年人的环境意识较弱，由于马鞍镇是朱德故里，近几年开展了很多环境治理工作，街上经常可以看到环卫工人，但是却鲜少看见垃圾桶的存在，更不用说垃圾分类，且年纪较大的居民对环境保护问题还是比较回避，可见我们践行环保之路、创造美丽中国的路途还很长远。

　　天蓝地绿水清，就是我们向往的生活！

㉕
环保科普之仪陇行

西华师范大学环境科学与工程学院　卿雨晴

　　我在 2018 年 7 月参加了环保科普实践活动，短短的一周，记忆满满。在出发之前，总是要问自己做这件事情的理由或者说原因是什么。为了好玩，为了拿一张证书，抑或是为了心中的某种坚持？我想我应该是最后一种。不想碌碌无为，也不想安慰自己平凡可贵。但是我也只是万千人中的一个人，能力有限，水平有限，影响范围有限。有限不代表我不能去做，不代表我不能做成某些事。所以怀着对这颗星球的热爱、对生活的热爱，我背起背包，去到仪陇县马鞍镇，那里是朱德元帅的故里。带着对他的尊敬，我们会尽己所能为马鞍带去新的环保之风。

风格不同的四人组成小分队，每个人负责不同方面的环保科普。印象最深的是我们小分队去到马鞍镇上，去询问他们关于环保的问题。那天正逢镇上赶集，人来人往，每个人都有自己的目的地，买什么、需要什么，大家心里早在画着勾或者叉。在这种乡镇上，你必须早早出门，要是想着睡到自然醒然后再出去采访，那你可能碰到的都是镇上老居民，这样我们采访结果的多样性就大打折扣。我们的目标人群是附近的居民或者农民，因为我们想了解更多、更广泛的信息。我们背上书包出门，带上的工具是两块自制标语板。

我们沿街采访，但还是遇到了"阻碍"。忙于生计的老板娘没空回答我们这些挣不了钱的问题，老奶奶听不懂我们的问题，小朋友反问了我十几个问题，关于我从哪里来、来这里干什么、会不会玩某种游戏……"临时记者"不容易，但也有热心的人愿意配合我们。我们采访时遇到了同一个学校毕业的学长，他和我们说，他这几年去过不少地方，看到了我国关于环保的重视。看到这么多人参与环保，祖国会发展得越来越好。

有一位阿姨拉着我们说："过去几年环境不好，到处都是垃圾，街上也不干净。这几年政府很注重环境，你看随时都有人在打扫卫生。"她边说边对我们竖起了大拇指："你们大学生现在能干，加油。"阿姨的话朴实无华，却让我感触良多。其实大家都愿意看到环境变好，也理解国家关于环境保护方面的政策。当然，不排除有"固执自私"、抱着与我无关的心态的人。所以，环保科普行动意义重大，我更明白了自己身负的责任与使命。

我更想为90后正名。总有人说90后是没有担当的一代，我们没有吃不饱饭的情况，爸妈已经给我们准备好了车和房。但是，我想说，社会发展到今天，我们的目标和责任都不一样了。几十年前，大家就只想吃饱穿暖，十年前开始想买房、买车。请别忘了，我们的发展离不开环境的牺牲。要想更长远的发展，就必须保护好环境。习近平总书记说"绿水青山就是金山银山"。我们这个时代需要有担当、有责任感的人。看看每天在你熟睡时工作的清洁工，看看那些一家三代都根植沙场的人，看看每天在实验室研究怎么减少环境污染的人。再看看受到环境污染而生病的人，看看海洋动物胃里面的垃圾袋，看看臭氧层空洞、全球变暖……想想五十年后，海平面上升，岛屿被淹没，沿海的居民流离失所。沙场退化、水土流失，放眼望去看不到一片绿色。生态遭到破坏，动物面临危机，最终降临在人类自己头上。所幸，一切还来得及。我看到，越来越多的人参与环保活动，低碳生活。我国大力发展新能源，推广垃圾分类。我看到，大家在通过走路来换取能量，在"蚂蚁森林"里种树。我看到"光盘行动"，看到大学生在行动。

美丽中国，我们都是行动者！

26

我和环保科普行动的两次邂逅

西华师范大学环境科学与工程学院　杜长芬

　　机缘巧合，我有幸参加了大学里的第一次社会实践，也是我第一次参加集体的暑期社会实践。第一次参加社会实践，既让我感到茫然，也感到很新奇。还记得刚开始踏上这次行程时抑制不住的兴奋，在到达马鞍中学之后感受到住宿环境的不如意，不免有些许抱怨。不过渐渐地，我似乎也喜欢上了这种环境，晚上吹着风，感受到难得的清凉。从最初的不适应到后来的习惯，其实也是一种成长。

　　经历过大家一起在办公室专心完成自己的工作，经历过一起为活动的举办而奔波，经历过一起做问卷调查……这一件件，一点一滴，都让我尽全力去完成每一件事情。记得在玉兰村开展活动的过程中，热情的书记竭力支持我们组织的生态农业讲座，村民在炎炎烈日下送去西瓜解暑。还记得在马鞍镇客家步行街举办游园会时，尽管头顶着烈烈的骄阳，大家也都没有丝毫懈怠。大家有序地维持现场秩序、组织人员、分工合作，游园会在大家的努力下顺利举办。虽然汗水一直在流、手臂酸痛，但大家齐心协力地完成了整个活动和后续工作。我想这就是团结的力量，让每个人都发挥自己的潜力去突破自我。

我不得不向为这个社会实践付出精力的老师们和伙伴们由衷鼓掌，因为他们付出了更多的精力。我也在师兄师姐身上看到了很多闪光点。通过这样的实践活动，我也更加认识到自己的不足，也加快了我努力完善自己的脚步。也是在这次实践中，我学会了团队协作，学会了独立。我也清楚地认识到，一个优秀的团队不是靠个人的优秀来决定，而是靠队员之间的共同协作来使这个团队变得优秀。尤其是在与老师的谈话中受益匪浅，让我能够真正静下心来好好思考生活、思考工作。

这是我与"大学生志愿者千乡万村环保科普行动"的第一次邂逅，不仅自己收获满满，也让我对环保科普这件事有了新的认识，更加了解到做环保宣传工作的不易。或许短短的几天不能直接改变一个人的想法，但是总会留下印象。或许也不能影响很多的人，但也正是这样以点带面，渐渐地环保的路上将会有越来越多的人参加进来。

第二次参加暑期社会实践，我从参与者到组织者，更加深切地了解到一周社会实践顺利开展的背后所要付出的远比我想象的要多。一周的社会实践后，我的心智和能力都得到了质的提升。初入阆中市天宫乡准备活动的开幕式时，或许是因为懈怠和生疏，不仅进程缓慢且出现了或大或小的问题。每当忙碌于各种事情的时候，我也恨不得自己有分身术，然后可以兼顾到大大小小的事。不过，在后面的几天时间里，我渐渐了解到团队负责人的工作重心应该放在哪儿，我慢慢地学会将自己手里的工作安排好，把手里的事务分出去，让大家都参与进来，这样既加强了团队合作，也让我自己不会这么忙，而顾此失彼。

我也在团队里带领自己的小分队，在各小分队自由开展活动的四天时间里，我们小分队开展了关于周边居民的环境状况的调研。通过对周边村落居民的走访、问卷调查、询问，我对当地的环境情况有了大致的了解。在走访调查的过程中，我真切地感受到居民的热情和喜悦，或许是因为绝大部分都是老年人，村民们很欢迎我们这群大学生的到来。临走时，总会拉着我们的手，说很多话。我很喜欢通过走村入户做调研，不仅能够很好地与居民沟通，也能通过宣传手册和讲解，将我们要宣传的环保理念直接地科普给大众。更值得一提的是，村民们对我们所做的环保科普工作都表示支持，这也让我感到更有动力。

在这个特殊的社会实践过程中，由于每个小分队都配备了一名小志愿者，这让我结交了一位小挚友——一位文静的小姑娘颖颖。初遇时，她羞涩地向我们介绍自己，结识后，她带着我和小分队穿行于各家各户，老道地帮我们做起了问卷调查，我们一起在雨中漫步、一起拍视频……短短的几天时间里，我们结下了深厚的情义。这是我第一次体验到做老师的感觉。

当与这群小朋友们一起坐在教室、开展生态环保课堂时，通过 PPT 和游戏互动，我真切地感受到他们对于求知的渴望和对我们的喜爱。让我觉得很有成就感的就是这群孩子觉得我们做的事很有意义。

有了开幕式的铺垫，闭幕式的组织则更加有条不紊。虽然由于时间仓促，准备的节目效果不是那么完美，但是这是大家用心排出来的。或许还有遗憾，又或许还有不舍，但也终将返回学校。

27

走在环保的路上

西华师范大学环境科学与工程学院　达玉锋

　　近几年，随着经济高速发展，其带来的环境问题日益突出，我国对环境问题也日益重视。习近平总书记提出了"绿水青山就是金山银山"，告诉大家要重视生态环境保护。身为环境专业的学子，我觉得不仅要提高自身的环保素养、学习相关的环境保护知识，也要参与到相关的环保活动中，以身作则进行环保，向大家传播环保知识，同时也呼吁大家在日常生活中要环保。

　　于是我报名参加了 2018 年"大学生志愿者千乡万村环保科普行动"，

在老师的带领下，和志同道合的伙伴们在暑假去仪陇县马鞍镇进行了为期七天的环保科普活动。如果是在往常暑假，短短七天的吃喝玩乐，可能一眨眼时间就过去了，没有值得回忆、值得留念的地方。这次不同，暑假我参加了七天的环保科普活动，这七天不仅仅有参与环保科普活动的回忆，还有与伙伴们一起在举办活动过程中的成长，以及作为一名志愿者为环境保护出一份力的成就感。

在进行活动之前，我们所有人分成 6 个不同主题的环保小分队，大家一起商量安排好了这七天的小分队特色活动以及大家将一起合作的大活动。在准备过程中，大家积极参与，提出各自意见和建议，完善了整个活动的框架和细节，活动过程、物资统筹、行程规划、时间安排等事项都被大家一一解决。在这个过程中，我了解了举办活动的流程和细节，了解到举办活动会遇到的各种问题和解决办法，增长了我对举办活动的见识和经验，让我了解到举办好一个活动的不容易。

七天的行程很紧，但我们的活动内容形式多种多样，十分丰富。每个小分队的主题不一样，特色活动也不一样。我所在的环境监测小分队的特色活动主要是在对周边环境进行监测的同时，开展问卷调查以了解当地居民的环保意识和宣传有关的环保知识。在小分队活动的第一天，我们小分队前往朱德故居，了解红色文化，学习红色精神，在从小镇去朱德故居的沿路上进行噪声监测，对居民进行问卷调查，宣传环保知识。第二天，我们前往仪陇县环境监测站参观学习，环境监测站的工作人员热情地接待了我们，向我们展示了他们环境监测的内容、技术方法以及进行监测的相关设备，把了解的相关环境监测知识与我们从学校课本上学习的知识进行相互印证，使我们对环境监测有了更深的了解和认识。第三天，我们小分队对周边的居民进行问卷调查和相关环保知识科普。在活动时，我们在旁边的一个广场上遇到了同样在做志愿活动的川北医学院的志愿者们，他们是在暑假去马鞍镇为当地居民做义诊。我们和他们都很高兴，大家一起交流了活动中遇到的问题和感想，最后我们一起合照，并拍了一个短视频为彼此加油。在那天，我感觉大学生志愿者在行动，尽管之前也知道每年暑假有不少大学生下乡进行志愿活动，但没想到会在志愿活动中遇到，让我觉得大学生不仅仅在学校学习知识，同时应参加社会实践、进行志愿活动，学以致用。让我感觉到大学生有朝气、有能力、有社会责任，在我国的发展过程中，大学生们在用自己的力量发光、发热。

除了在马鞍中学的操场上进行开幕式以及在当地政府的会堂进行闭幕式需要大家合作，在我们各自小分队特色活动结束后，我们要在当地的步行街上一起举办一个环保游园会。每个小分队要想出一个环保小活动，吸引人们参与活动，使他们在参与活动的同时了解环保知识。在活动的当天，我们早早准备好了场地。在活动开始时，有很多小朋友参与我们的活动，大人们在照顾小朋友的同时也有不少人参与到我们活动中来。各个小分队准备的活动中，有对噪声计用固定分贝喊出环保口号，有用地上掉落的叶子进行绘画，还有抽题回答环保问题等，小朋友们都很高兴。他们在参与活动的同时，学到了不少相关环保知识，在回答正确或参与活动后都会有积分，有不少积极参与的小朋友得到了许多积分并兑换到了绿色盆栽。太阳升起来了，随着温度升高，我们在小朋友的恋恋不舍中结束了活动。在这次活动中，我收获很多，我之前担心可能没有人参与活动，但显然，要在积极的尝试后才能知道事情的结果，寓教于乐地传播环保知识的方法也让我明白宣传环保知识的方法要多种多样。

在每天活动结束后的下午，我们所有人都会去马鞍中学提供的大会议室里开会讨论当天各自遇到的问题和活动感想，每个人每天都会写一篇日记记录自己当天的经历和感想。在每天写日记的过程中，回想起一天中在活动中看到的、听到的、想到的种种，总会有不同的感受和收获，有举办活动的经验、对环境保护的认识、志愿活动的意义等，我感受到自己每天都在环保科普活动中成长。

　　七天的环保科普活动结束了，我不但在活动中认识了志同道合的伙伴，收获了友情，而且这七天中的经历也提高了自己的能力以及对环保、志愿活动的认识。七天的环保科普活动可能对当地的改变不大，但我们为参与到我们活动中的孩子、大人们心中播撒了环保的种子，他们在洗手的时候可能会想到我们宣传的环保知识而随手关掉水龙头、在用电时注意到随手关灯、低碳出行等。也许都是生活中的小事，但随着环保活动的举行、环保宣传力度加大以及各种保护环境政策的出台，环保的种子在更多人心中播撒，当环保的理念在人们心中根深蒂固，每个人都能做到环保、节约，我相信我们的环境会变得越来越好。所以，不仅仅是这一次环保科普活动，之后的学习、生活中，我也会参与到更多的环境保护活动中去，为生态环境保护尽自己的一份力。

28

"绿色生命"涌进"千乡万村"

西华师范大学计算机学院　周琦力

　　2019年7月14日早晨，阳光暖暖地铺下来。在朝阳的沐浴下，在欢声笑语中，一股充满生机的"绿色生命"涌进了阆中市天宫乡，我们将在那里进行为期七天的环保科普活动。

　　起初我只是抱着好奇的心理，想丰富自己的暑期生活，才有了这个想法。但在活动开展前的培训中，我便慢慢地改变了自己的想法。于是这个暑假，我带着一种展示自我、提升自我、完善自我的决心去参加实践活动，同时怀着一份让自己的暑期生活变得更加充实的心情，加入了学校开展的"大学生在行动环保科普活动"暑期社会实践——这也是我第一次经历社会实践。

第一次参加社会实践，我明白大学生社会实践是引导我们学生走出校门、走向社会、接触社会、了解社会、投身社会的良好形式，是培养锻炼才干的好渠道，是提升思想、修身养性、树立服务社会的思想的有效途径。通过参加社会实践活动，有助于我们更新观念、吸收新的思想与知识。

在这短暂的七天里，我与小分队成员们，带着当地的小朋友，采访了多户人家，进行环保科普宣传，同时对当地优美的风景进行绘画记录。与此同时，我了解到了当地民情，也接触了各种各样的人和事，这些都是在学校里无法感受到的。在学校里，也许有老师提醒着你需要做什么，给你分配好任务，但在活动中，不会有人告诉你这些，你必须要自己认真总结，要自己认真分析，而且要尽自己的努力做到最好。

无论是学习还是工作，都存在着竞争，在竞争中就要不断学习别人先进的地方，也要不断学习别人怎样做人，以提高自己的能力。无论是刚毕业的师兄师姐，还是已经工作多年的长辈，他们总是对我说要好好珍惜在学校的时间。在这次实践中，我感受很深的一点是，在学校对理论的学习很多，而且是多方面的，几乎是面面俱到。而在实际中，可能会遇到书本上没学到的问题，也有可能一点都用不上书本知识，这就是考验。

在这短短的七天里，虽然环境有些艰苦，但收获却是满满的，我认识了许多小伙伴，他们都有着自己的特长，我们共同运营着团队，使得那次活动圆满结束。在活动中，我认识到了团队合作的重要性。同时，自己在与他人的交流上有了进一步提升。在和小朋友们的相处中，我体会到了那种珍贵的情谊，这将成为我不可磨灭的记忆。这次天宫乡，不枉此行！

社会实践加深了我与劳动人民的感情，也让自己在社会实践中开拓了视野、增长了才干，进一步明确了我们青年学生的成才之路与肩负的历史使命。社会才是学习和受教育的大课堂，在那片广阔的天地里，我们的人生价值得到了体现，为将来面对更加激烈的竞争打下了坚实的基础。

对一个大学生而言，敢于接受挑战是一种基本的素质。虽天气炎热、大雨倾盆，我毅然踏上了社会实践的道路。想通过亲身体验社会实践，让自己更进一步了解社会，在实践中增长见识，锻炼自己的才干，培养自己的韧性，找出自己的不足和差距。

虽然实践时间只有短短七天，一晃而过，却让我从中领悟到了很多东西，而这些东西将使我终生受用。在分别时刻，我们是不舍的，虽然和小朋友才相处了只有七天，但我们之间真挚的友谊却是长久的。在闭幕式结束后，我带着我们的小分队成员，将我们那几天里精心绘制的明信片送给每一个小朋友。虽然我不了解每一位小朋友，但我知道他们都有一颗积极乐观的心、一颗感恩的心，因为他们用自己的独特方式表达了对我们的感谢，在他们写的一封封书信中，都表达出了难舍的心情。

这次活动圆满完成，也让我学习到了很多。我发现我们真的是一个团结友爱的集体，一起工作、互帮互助，取得了丰硕的成果。男生们都很有绅士风度，粗活累活包揽在身，刚开始还有点后悔参加这个活动，但经过这次的体验，我发现当时的想法真是愚蠢。在这里感谢唐娅老师的一路陪伴，感谢李友平老师默默的关怀，若有机会，第二年我还会参加。

在这五年来的路上，留下了多少西华师范大学学子的身影。他们穿梭于"千乡万村"，用自己的专业知识服务社会。在我所了解的参与者中，有不少来自大城市的"小少爷""小公主"，他们不怕苦、不怕累，他们也一样坚持着，锻炼自己。多少的艰辛磨难，多少的恶劣环境，他们都克服了下来，在取得了傲人成就的同时，也明白了许多人生哲理。

我希望西华师范大学学子将已经历时五年的环保科普社会实践活动延续下去，希望一个又一个的五年带给我们更多的经验与教训，将此实践活动做得越来越好，让"绿色生命"在"千乡万村"生根发芽、枝繁叶茂。

"纸上得来终觉浅，绝知此事要躬行。""真理来源于实践，实践出真知。"作为 21 世纪的一名合格大学生，必须跨出校门，走向社会，把自己所学的理论知识应用于实践，在实践中不断分析、总结，从而提高自身解决问题的能力。走向社会、参加实践，可以帮助我们摆正自己的位置、认清自己的实力。社会实践虽然辛苦，但同时也是快乐的，只要有收获，我们都可以从中找到属于自己进步的筹码。

(29)

再次出发，心之所向

西华师范大学环境科学与工程学院　潘丽旭

　　期待，忐忑，兴奋……似乎所有交杂的心绪都萦绕着我。我又一次踏上"三下乡"暑期社会实践的征途。这一次我们去了阆中市天宫乡，那里有古色古香的校园、善良淳朴的百姓，无不述说着那方净土的勃勃生机。小小村落，红瓦白墙。初见天宫，每一位团队成员满载着欢喜与期待。

　　到达驻地，收拾床铺，整理行李，彩排舞蹈与环保时装秀，安装环保科普展架，向周围居民科普环保知识……虽然疲惫，但每一位队员依然热情满满、满心欢喜，队员们也按照各自的分工更详细地筹划团队接下来的活动。

我们准备在实践活动的第二天为当地展示环保服装秀和舞蹈，我们全身心地练习舞蹈，团队小伙伴相互间从陌生到熟悉，我们更像一个团队在战斗！携环保新风，绘美丽天宫！那次实践活动中，我们以环保科普活动为主，深入乡村开展实践活动，比如生态环境教育小课堂，我们带领小朋友学习生物多样性、了解垃圾分类。同时，我们开展生态笔记，记录当地河长制，采访河长，探寻河流污染治理的现状，我们也进行绿色广播，通过乡村宣传最有效的方式，对当地的百姓进行环保知识的普及与讲解！每一次实践活动都让我感受到一句话："广大作为在农村！"

在农村实地开展活动，能将我们的专业知识运用其中，同时也能结合专业发现当前农村的环境问题，发现问题、解决问题。

实践活动那一周阴雨蒙蒙，为美丽的天宫蒙上了一层神秘的面纱！

我们为当地的老百姓带去了一场环保服装秀。环保服装是由学校各专业的学生利用废弃物制作而成的，有古装戏服，有美丽的礼服。为当地的老百姓带去了一场视觉震撼，我们也与当地的老百姓进行交流，了解村民的基本情况，更加深入地了解当地情况。

每一天都是那么匆忙，但每一天都很快乐，我们出发前往天宫院景区，探索当地的自然风光，绘画出美丽的阆中天宫，探访千年古城的绿色秘密！这一年的感受有一点不一样，上一年我也很荣幸地去参加了在仪陇县马鞍镇的活动，探索红色文化中的绿色教育，去采访当地的支部书记和帮果农采摘水果。

我们还去寻找"天宫十景"，为天宫当地制作美丽的天宫明信片，传播天宫风景，为当地带去不一样的贡献。像我们指导老师在开幕式上所说的，每年我们会带去不一样的东西，上一年我们为当地的生态果园爱媛品种代言，这一年我们还在当地开展生态研学，为当地带去新的活力。

志愿者们全力出发，我们永远都在环保路上！

  作为西华师范大学暑期社会实践队的一员，我在这次"旅程"中收获颇丰。记得在网络上看到清华大学 2019 年本科生毕业典礼，毕业生代表张薇说："用一年不长的时间，做一件终生难忘的事情！"那时候，这句话深深地打动了我。我反问自己，我能做什么？什么事情能够让我终生难忘？回顾这次环保科普之旅，我找到了答案：2019 年暑期社会实践对我来说就是一件会让我终生难忘的事情。

  我会永远记得天宫乡，我会永远记得天宫乡中心学校，我会永远记得与一位村民交流时感动的泪水，我会永远记得跟随我们一起下乡的当地孩子，我还会记得那年夏天所有队员一起拼搏奋斗的汗水，我也记得每一个人在七天环保科普活动结束后的依依不舍。七天的实践活动已经结束，日子虽短暂，美好的记忆却源源不断：实践第一天，我们充满期待与忙碌；实践第二天，我们充满欢喜与兴奋；此后，我们享受着雨后天宫带来的美丽与神秘，我们渐渐熟悉天宫的一条又一条道路，我们喜欢与村民相互交谈、与老师和队员分享我们的收获。

  我们在西河塘村了解乡村振兴下的果园发展，我们在长流村了解农村环保基础设施建设工作、开展问卷调查工作，我们前往农耕文化博物馆探访传统农耕，我们在广播站开通绿色广播，我们在当地学校开设生物多样性与垃圾分类生态环保课堂，我们带领当地的孩子用画笔描绘家乡的绿水青山，记录一草一木。我们永远在路上，我们喜欢与当地孩子去探索千年古城的绿色秘密，我们教会他们绘画，教会他们如何用自然笔记记录大自然，我们与当地孩子们一起进步，我们收获不一样的体验。我们永远在路上，我们喜欢与当地老百姓交流，向他们了解农村的新变化，向他们介绍农业知识、现代农业技术、生态农业发展状况。我们永远在路上，以青年的力量助力美丽中国。

  我收获了什么？我收获到集体精神、团队力量。我收获到很多书本上学不到的东西，也培养了理论运用与实践相结合的能力以及团队合作的精神。每一位队员都在努力地为整个团队添光加彩，都在努力地为当地环保建设发展带去新力量，为跟随我们参与实践活动的当地孩子带去丰富的知识。我们每一位都在努力！在最好的年华为自己的青春谱上最美的曲子。我们已分别，或许阆中市天宫乡将会是我们共同的记忆，一辈子的回忆。我想祝愿什么？祝愿跟随我们参与活动的当地孩子能够永远开心健康，你们是最好的小孩；祝愿天宫乡永远美丽，我们一定会再回去的！我想感谢什么？感谢每一位队员的辛勤付出，感谢每一位村民的热情回应，感谢每一位小朋友带给我们那颗纯真的心，感谢每一位我们在那趟"旅程"中遇见的人。

你好，天宫！天宫，再见！

30

回忆天宫

西华师范大学环境科学与工程学院　王维甫

　　2019年西华师范大学"大学生在行动环保科普活动"于7月14日至20日在阆中市天宫乡展开。作为活动负责人之一，我倍感荣幸，在指导老师与同学们的共同努力与支持下，顺利地带领大家完成了一周的暑期社会实践。作为生态农业小分队的队长，我也很庆幸能有两位优秀的队友，也很感谢他们在那段时间里的默默付出。

　　作为负责人，我对这次活动的开展可谓是感触良多。自6月初，我们就开始全面筹划这次活动，从活动筹备到活动结束，李友平、唐娅两位指导老师一直和大家在一起。在老师的指导下，我们对活动的认识一步步加深，对活动的筹划也渐渐地井然有序。正是在这样的前提下，我们才能顺利地完成这次为期一周的社会实践。活动期间，总是会有各种各样的"小意外"出现，但这些都不足以拦住志愿者们的脚步。大家在开幕式和闭幕式上东奔西走为团队奉献的模样，不觉让人心间一暖。街道上、溪涧旁、山林间都曾留下我们的影子。

接连五天的雨水，打乱了不少小分队的既定安排，但即便是这样，志愿者们也克服困难完成小分队工作，冒雨前行的大家散发着璀璨的光芒。小分队活动从 7 月 16 日开始，生态农业小分队首先前往的是位于天林乡的农耕文化博物馆，一行四人冒着大雨就这么出发了，博物馆内陈列着各式各样的农耕工具，12 个展区从不同角度向我们诉说着传统农耕生活。婚嫁、竹编、农耕工具、人工榨油装置、留声机……小分队工作围绕"生态农业"以及当地农业的发展现状在当地展开工作，除农耕博物馆外，小分队也分别在天宫院村以及西河塘村展开了入户走访调查。一次次的磨合，让我们小分队的队员之间逐渐变得熟悉起来，与整个团队而言也是同样，曾经陌生的脸庞渐渐地在这个过程中熟悉起来。

七月，热情似火。怀揣着满腔热情，我们抵达了天宫乡。

第一天：抵达目的地，已近正午时分，稍作休整，启动仪式预演随之展开，从环保时装秀到舞蹈表演，志愿者们在烈日下挥洒汗水。节目排练也愈加成熟，志愿者们团结一心。这更为我们之后的工作开展打好了坚实的基础。努力，总是会有回报的。一天的工作在稿件与短视频中结束，一切都好。

第二天：推开窗，扑面而来的是泥土的芬芳，蒙蒙细雨带起的薄雾弥漫着整个校园。但这场雨的到来，却使开幕式推迟。九点一刻，雨势渐小，启动仪式随之开始。音乐响起，领导、嘉宾以及村民朋友们依次落座。身着环保时装的志愿者们依次亮相，一瞬间，惊艳全场。我们的启动仪式也由此拉开了帷幕，嘉宾们在雨中为大家讲话，对全体志愿者以及村民朋友们寄予了高度的期望。紧接着，我们迎来了全体志愿者的宣誓，铿锵厚重的誓词环绕整个校园。我有幸作为领誓，当身后响起嘹亮的声音时，一种难以言表的力量充斥着我的全身。我想，这便是团队的力量！

第三天、第四天：小分队活动由此而始。生态农业小分队的第一目的地是位于天林乡的农耕文化博物馆，馆内分 12 个展区，分别是农耕工具馆、丝绸文化馆、书房、婚房、木匠铺馆、铁匠铺馆、泥瓦匠铺馆、农家厨房、竹编艺术展示、古法榨油坊、农耕艺术馆、耕牛图，目不暇接！志愿者们在当地村民的带领与讲解下，依次走过展区，行至末尾，尚且意犹未尽。随着了解的深入，农耕文化的厚重感也在增加。不禁让人感慨，古老的文化，精妙的技艺，若是无人继承，或许将永远被埋葬在黄土之下！若如此，当为民族之憾事。参观过程中，竹编艺术展示区吸引了众多志愿者的目光，更有志愿者动手，亲身体验竹编。

第五天、第六天：小雨，微风，刚刚好。按照计划，我们小分队开始了入户走访调查。清晨出发，遇上村里赶集，这为我们做调查提供了极大帮助。作为生态农业小分队，经过前两日在博物馆的见闻，我们的主要问题最终落在农耕工具的发展以及生态农业的认识与应用上，于是我们率先对街边摊贩进行了调查，第一个受访者就对我们的访问很配合，为我们介绍了天宫乡农业耕种的一些基本情况。接下来，我们继续进行了一些村户的走访。从他们那里得知，天宫乡早已不再以农业为重，当地的耕地已经被种植大户承包后集体种植果树，家家户户基本上都只留有一小块田地，供自己家种植蔬菜。当我们问及农药时，大家的回答也都很一致："农药打不得，那东西不好，危害健康还污染环境，我们不用。"临近正午，返程途中，正巧遇到一位退休党员，当我们问及"生态农业"时，老爷爷激动地说道："生态农业嘛，就是习近平总书记提出的，人与自然和谐相处嘛，不用农药，遵循自然规律的农业。"

入户走访调查使我感触颇多，我感受到了很多课堂书本上没有的东西，了解了社会实践的意义所在，深入群众、贴近生活、了解社会是我们当代大学生应该有的能力。从人与人的沟通中学到知识，提升自己的交际能力、沟通能力，让自己在以后的人生中能够有更好的发展。

第七天：最后一日，最重要的便是闭幕式了。节目表演自然少不了，台上台下，有欢喜，有忧伤，越是临近结束，留恋不舍之情越是浓郁，似乎这样的日子最是令人伤感！

七天的时间，不短不长。但这段时光一定是我人生旅程中不可磨灭的记忆之一，时光易逝，可记忆犹存。始终需要记得，有些人总是会被这世界温柔以待！

2019年"大学生在行动环保科普活动"带给我的不只是欢声与笑语，更多的是一种成长。如此光阴，人生可得几许？

㉛

因为有你　七月变得更加绚丽

西华师范大学环境科学与工程学院　张赖敏

"姐姐，你们是大学生吗？你们到我们天宫乡来干什么呀？"

"对呀，我们都是大学生，我们给你们带来了惊喜！"

在会议室，我第一次见到了那 8 个可爱的小朋友。她们都是当地初一的学生，也是我们接下来几天的小向导，相信一周的相处，将会成为我们彼此最美好的回忆。

刚下车时，"天天向上"四个大字映入眼帘，校门是那种古老的木门，看上去并不像一所学校，古香古色的建筑，白墙、红窗和黑瓦，看上去更

127

像是四合院。进入学校，一种书香气息扑面而来，在这样的环境下学习，真的是一种享受。我一周的社会实践从此刻拉开序幕。

活动开始前两天，我们大家一起准备开幕式，我还被拉去跳舞（还记得我上一次跳舞是小学时），经过多次的练习，感觉还可以。开幕式那天，我被窗外淅淅沥沥的雨声吵醒，那一刻我多么希望雨快一点停，担心我们的开幕式能否顺利进行。九点，雨还在下，嘉宾们也都各自就座，我们给他们送去雨伞，他们坚持不用。我们的开幕式在淅淅沥沥的雨中开始了。没有人抱怨，甚至在表演的时候有人摔倒也无暇顾及，大家都坚持着继续活动，我们的努力还是被看到了，老天似乎也在参与我们的活动，当开幕式在大家的团结努力下完美落幕时，雨也停了。可能从那一刻才更加认识彼此，只有大家一起努力完成好一件事之后，那一种团结和幸福的感觉才会更加深刻。在活动结束后，大家就开始了各种拍照，那一刻大家都是幸福的，没有其他的烦恼和顾虑。

各小分队的活动随着开幕式结束正式开始了，我是生态环境教育小分队的队长，我们小分队上课的主要内容是科普生物多样性，除此之外也会给小朋友们讲一些关于垃圾分类和秸秆禁烧的知识。

"你们知道什么是生物多样性吗？就从五个字的字面意思理解就可以了。"没有小朋友给出回应。"你们就看这几个字，把它们翻译过来连起来就好了。你们不用害怕，积极回答，我们上课很好玩儿的。"开始有小朋友在下面悄悄地说话了。"对，生物多样性就是……"慢慢地，小朋友们越来越活跃地参与我们的课堂，每当触及她们不知道的知识的时候，她们都会很认真地听小姐姐讲，当我看到她们投入的样子时，真的觉得好开心。第一堂课在我们一起的带领下"超时"完成了，并不是因为不顺利而超过时间，而是因为太过顺利、停不下来才会超过时间。

"布谷、布谷、布谷……"

"我知道！我知道！这是布谷鸟。""真棒！是的，这就是布谷鸟。"在

"闻声辨物"游戏中，小朋友们积极参加，褪去了之前上课时的羞涩，大家都踊跃举手。可以讨论的时候就和周围的同学积极讨论，回答出自己觉得正确的答案。完全看不出这是前一天还不敢发言、不敢回答我们问题、需要我们带领才能进入课堂的小朋友，这天大家都积极参与。

最后一天是检验她们所学成果的时候，我事先准备了几个前几天讲到的有关问题。我也不知道效果会怎样，但是我相信她们能够真正地学到她们之前没有接触过的知识。在我问了几个问题后，她们的回答出奇地好，遇到问题时她们都会争着回答，有时候某个同学的回答不太完整，也会有另一些同学进行补充。我觉得我想看到的就是这样的一种效果，我们能够带给她们的知识很少，可能只是浅层次的，但是希望她们在我们的启蒙下，能够更多地关注环境问题，更好地做到保护环境。可能在此之前，她们并没有想过自己会有一天能和大哥哥、大姐姐一起调查走访、绘制图画、做手工等。虽然只有短短的几天时间，但我依然看到了她们的成长，看到她们从羞涩、腼腆到充满活力，这将对她们今后的成长有一定的帮助。

为期七天的暑期社会实践就这样很快地过去了，那是我第一次参加暑期社会实践，也可能会是最后一次。在那里，我的个人能力都有很大的提升，我也收获到了很多东西，收获了一个大家庭，我们有欢笑、有抱怨、有感动也有泪水。我们24个原本不太熟悉甚至不认识的小伙伴，在七天的相处下变得熟悉。最后一天晚上，我们一起谈心，一起聊天到了十一点，每个人都有太多太多的收获，每个人在五分钟内都说不完。之前每天十一点时都会特别特别困，但是那一天晚上却没有一点困意，都想时间过得慢一些，都只想多说一说，都不想离开那里，舍不得那个大家庭。回到寝室，我们都没有睡意，我们还在一起聊那几天的经历，虽然我们只是在一起七天的"塑料室友"，但是我们很珍惜对方，我们可能之前从来没有见过对方，但是通过那几天我们变得很好，我们可以相互调侃、相互玩笑，也不会生气。

　　以前我会讨厌七月的炎热，甚至是大暴雨，我总觉得七月会在我不经意间流失，没有太多的感觉。但是那年的七月显得格外绚丽，没有了烈日炎炎的感觉，只有最最美好的回忆。七天的时间说长不长、说短不短，但是确实是最珍贵的，我们有 8 个活泼可爱的小向导、24 个优秀的志愿者以及两位最亲切的老师，原本没有太多交集的平行线因为那次环保科普社会实践而交织在一起。

　　七月，你好；七月，再见。

（32）

我们，向前不停歇

西华师范大学环境科学与工程学院　贾桂萍

　　作为一名环境学子，我们在环境保护的路上从没停止过，为了向环保事业奉献自己的一份力量并走出校园了解更多的环保现状，在那个炽热的夏天，我毅然决定参加2019年"大学生在行动环保科普活动"暑期社会实践。在那段短暂却难忘的日子里，我收获颇多。

　　在那次社会实践中，我与一群可爱的人从陌生到熟悉，从初次见面时的"你好"到离别时的依依不舍。在活动中，我们学会了组织开展开幕式、会场布置、排练节目和主持、与当地居民进行交流，在每天的团队日记和新闻稿的写作中获得新技能。在每晚的会议中，学会发现集体或小分队活动中存在的不足，根据当地的条件调整和完善自己的路线。每天最享受的就是指导老师发言点评的环节，老师总是能结合她丰富的知识储备，指出我们的不足并以她独到的见解提出新的点子，以诙谐幽默的语言让我们学到更多的知识。

在那七天，我还认识了很多小朋友，而且从各个小分队学习到更多当地的知识。生态调查小分队通过调查当地植物物种和制作标本的方法制作当地植物名录；生态笔记小分队通过绘出天宫乡当地的美景，带领小朋友发现自己家乡的美丽，在绘画中增强本土意识的同时学会绘画的技能；生态环境监测小分队收集天宫乡各种大自然的声音；还有很多很多，每个小分队都展现出自己的特长。在那次活动中，我最喜欢的内容是大家一起组织开幕式和闭幕式，那时的我们像一个无所不能的团队，每个人身兼数职、能歌善舞。

天宫乡也是一个美丽的仿佛仙境的地方。我们小分队的任务主要是调查当地的秸秆焚烧情况。在当地，大家主要是种植果树，因此种植秸秆作物的人家不多，同时大家都有很强的环境保护意识，都是采用自然腐烂作为肥料或者养殖牲畜的方式来绿色处理秸秆，同时已经实现每村每户通天然气，意味着以秸秆作为燃料的方式减少。

在专业知识这块，我感到自己专业知识匮乏。以前总觉得自己对各方面知识掌握得不错，但到实际应用时才发现自己要学的东西还很多；同时，我的思维能力、理论向实践转化的能力、遇事的应变能力都有待提高。这些都告诫我以后学习中要重视基础知识，为以后工作打下坚实的基础，更要注重理论与实践结合，锻炼自己解决突发事件的应变能力。"做事先学会做人"这句话是很有哲理的，也是很实用的，通过在天宫乡的实践，我更加明白了这个道理。在日常生活中，要宽以待人；要掌握为人处世的方法和技巧，虚心向他人请教。只有这样，才能在这个越来越开放的社会中站稳脚跟、不断进步。

短暂的七天就这样转眼逝去，24 人的大团队在这七天中发生了蜕变，从一开始的互相生疏、团队合作的不紧凑到后来的高效团结友爱，是这样一个温暖的过程，让我们变得更加熟悉，变得更加喜欢彼此，让我们成为一个真正的大家庭。

为期七天的 2019 年"大学生在行动环保科普活动"的闭幕式上，我们朗诵了"给未来一片绿色"，还表演了小品、舞蹈，大家一起合唱了《让中国更美丽》。我们一起合影留念，小朋友也舍不得我们，纷纷落下不舍的眼泪。虽然只有短短几天的相处，但也许在他们心中、在我们心中都是一段不可磨灭的回忆，也希望在他们心中埋下环保的种子，等待生根发芽。那七天中，我们 24 名志愿者从未停止过脚步，我们持续在阆中市天宫乡开展行动，我们带着环保科普知识，以监测、调查、宣讲、课堂教育、绘画等多种形式在当地群众中传播，力求从心里激发出每一个人的生态环保诉求和行动。

在天宫乡的七天里，去和回的路上天气都特别好，可在天宫乡时却一直在下雨，大雨、暴雨、阵雨，可在离别的那天，又是太阳天，是想让我们的分别不那么忧伤吗？那天上午我们举办了闭幕式，一开始由于我们的宣传不到位以及准备有点仓促，并没有多少人到现场，看着空空的观众席，大家都去街上宣传，也有热心的爷爷奶奶帮我们宣传。看着热心的村民们陆陆续续从大门进入，不可否认我们是非常开心的，赶紧去搬凳子，去引领村民，一切都那么井然有序。最后的大合唱是《让中国更美丽》，那首歌是我们每晚循环播放的安眠曲。最后的最后，我们欢笑着，手拉着手，笑与泪会一直留在美丽的天宫乡，离去的只是我们的身影，留下的是我们美好的回忆。我们会一直如歌中一样，尽我们的全力让中国更美丽。

随着闭幕式的圆满结束，我们也将和美丽的地方道别了，最大的收获是和 8 位小朋友之间真挚的友谊，在最后合影留念时，我们互相道别，看着小朋友眼中的泪水，我希望那段时间能给他们留下一些很好的东西，大家都能怀揣着温暖的情谊一直前行。

　　虽然那段时间大家都很辛苦，走村入户、起早贪黑，但是我们都收获了很多，也学习到了很多，也通过我们不同的方式将环保的力量传播出去，相信我们都能让中国更美丽。"我们在天宫。美丽中国，我是行动者！"虽然只是短短十四个字，但是还是能表现出来我们的志愿。我们一起努力、一起加油，让我们的天宫、我们的四川、我们的中国，变得越来越好、越来越美丽！

㉝

环保科普　我们在行动

西华师范大学环境科学与工程学院　王可

　　1983 年，环境保护被确定为我国的一项基本国策。国家和人民对环境保护与防治做出了长期不懈的努力。大到国家，小到每一个人，能为环境保护事业做些什么呢？将如何贡献自己的一份力量呢？直到我进入大学，选择了环境专业后，我深刻地认识到，我可以做的事情太多了。

　　五月，又到了一年一度的环保科普志愿者选拔时间，学校里的摆点处围满了人，我被吸引了过去。"同学们，大家好，我是 ×××，我给大家解说一下'大学生在行动环保科普活动'暑期社会实践。本次实践活动在阆中市天宫乡开展，目的是想通过对乡镇干部、妇女儿童等的环保科普宣传达到推进环境教育的作用……"同学们都在咨询活动相关事宜，工作人员也在积极解释作答。我想，我可不能错过这次好机会。经过层层选拔，我终于同团队中其他 23 个人坐在了一起。那次实践活动分为八个小分队，我是生态笔记小分队的一员。在队长的带领下，我们开始了为期七天的工作。

魅力天宫齐手绘

牵着小朋友的手，背上绘画工具，我们行走在蒙蒙细雨中。天宫院村是我们行程的第一站。站在角楼上，凉凉的微风迎面吹来。夏天的七月是本该炎热的时节，但在那里却能享受一方阴凉。远方山脉连绵，雾气携着我们的欢笑声迈过山峰、越过低谷，通往未来的好时光。观赏完美景，就该拿起手中的笔，绘出美丽天宫的大好山河、秀丽风景了。起笔、落笔，每一根线条都被注入了小朋友们对自己家乡的希冀与念想。悠扬的广播声里，绿色科普小分队在为我们的活动播报，传递最美天宫的字符。

明信片的心意传递

亲手绘制明信片，表达来自志愿者们的每一份心意。在小分队工作开展的同时，我们也在秘密筹备给小朋友们的礼物。明信片上不仅有形象生动的小动物和植物花朵，还附有相关文字解说和知识普及，希望表达心意的同时，也能通过这种方式提高小朋友们对生物多样性的了解，提高他们对生物多样性的保护意识。

生态笔记初体验

制作生态笔记是我们小分队的"特色工作"。在前期做了充足的知识储备之后，我们要将制作理念与方法传授给当地小朋友，让他们学会生态笔记的制作。小朋友们对生态笔记的制作很感兴趣，也很认真，这不仅降低了我们的工作难度，也提高了我们的工作热情。在制作生态笔记的同时，我们也为小朋友科普相关动植物的知识，譬如一些植物的别称别名、历史文化、药用价值等。同时让他们领悟大自然之美、生物多样性的重要性。

走，我们科普去

每一次出行，我们都会带上环境教育中心宣传手册和生物多样性手册，随时随地为当地居民科普环保知识、分发手册。旅途中，一位老爷爷与我们相谈甚欢。交谈中，他激动的言语也时刻敲打着我们的心。他说"我相信你们以后一定能为我们国家环保事业作出大大的贡献！"没错，不忘初心，牢记使命，我们会向着目标持续奋进的！

七天很短，一晃而逝。转眼间，我们就要离开那个温馨、热情的地方了。

在实践活动中，我们遇到过大大小小的困难，我们凭借良好的心态和坚强的意志，克服了一个个困难。同时，我们要找到自己的不足，并且尽快改正。以前我对小孩儿是没有包容心的，可是经过几天真真切切的相处之后，我才发现成长后的我们曾经也是小孩子，我们的成长都是别人的包容换来的。

思路是否周全、是否能做到纵观全局是事业成败的关键因素。所以，做好事件规划是必不可少的。那次活动，我们前前后后也做了很多计划书，遇上变故，就及时修改。做一个好的计划可以有效提高工作效率、缩短工作时间。

作为团队的一分子，要时刻考虑自己对团队的影响。在集体中，随便的一件不起眼的小事都可能导致"千里之堤溃于蚁穴"。那次实践活动中，我们整体是一支二十多人的队伍，实际上又分成了八个小分队，每个小分队有一名队长、两名队员。对于团队，我们一切行动听指挥，向集体看齐，以团队的利益最大。每个人都能将团队利益放在个人利益之前，所以我们的工作才能顺利开展，才能收获香甜的实践果实。

在活动中，村民积极配合我们的工作，并且还非常主动热情地带我们参观当地果园，介绍当地的特色文化、经济作物等。当地领导也积极响应我们，这为我们的工作排除了不少困难，让我们事半功倍。

在实践活动中，我不仅收获了知识和技能，也收获了师兄师姐、师弟师妹、同级同学之间的情分；我发现了别人的长处和自己的不足，发现了别人的优点和自己的缺点。这一切我都会写在笔下、记在心里，从而在日后的生活中改善自己、提高自己。

当一名志愿者是我一直以来最向往、最想做的事。我会一如既往地保持志愿者精神，积极主动地参加实践活动，在实践活动中提高自己、锻炼自己、成长自己。在做志愿者的同时，能利用自己的专业知识为大家科普环保知识、传授环保理念，我认为是我能奉献出的一份力量。力量虽小，但我相信，只要人人都有一颗环保的心，我们的世界将会越来越美好。

③④ 践行生态环保　共创绿色中国梦

西华师范大学外国语学院　周玉婷

　　生态文明作为一种新的文明形态，越来越受到人们的重视。作为社会主义的建设者和接班人，大学生是否具有正确的生态文明观或较强的生态文明意识，直接影响着人类生态文明的发展。大学生不仅是社会主义物质文明的建设者，同时是社会主义生态文明的支持者。作为 21 世纪的大学生，我们严格要求自己，并怀揣着绿色中国梦，开始了我们的暑期社会实践。

　　2019 年 7 月，在阆中市天宫乡这片用毅力与决心铸就的绿色大地上，我们挥洒下汗水。那次环保科普活动的主题为"保护生物多样性",活动共有 24 名志愿者参加,分为 8 个小分队,通过走访、问卷调查、实地调研、生态笔记记录、绿色广播等多种活动形式深入农户,同他们沟通交流,宣传环保法规、环保知识以及农药、化肥的安全使用知识;也开展环保课堂,同天宫乡中心学校的小朋友一起深入了解天宫;深入田间地头,走访农村妇女、老人等重点人群,了解农村环保现状。志愿者们在活动中学到了很多书本上学不到的东西,也培养了理论运用与实际相结合的能力和团队合作的精神。那次环保科普活动被四川新闻网、"中国大学生在线"、"大学生网报"等报道,官方微博话题阅读量已达到 13 万人次。我们走访村民近 300 户,发放环境教育中心手册 500 余份、填写调查问卷300 余份。

践行绿色中国梦,不仅是一句口号,更是一种行动。我们要用行动,共同圆一个我们参加环保科普暑假社会实践的梦。我们在天宫乡走访,了解天宫乡生态概况。7 月 16 日,吮吸着清晨的气息,我们开始了在天宫乡的走访。走进古朴的天宫乡建筑,闪着不可掩盖光芒的荣誉奖牌跃入我们的眼帘。天宫乡任乡长热情地将我们带进办公室。当说起天宫乡的环保生态概况时,任乡长脸上露出了别样的风采,他说:"天宫乡总面积 37.8 平方公里;种植农作物主要为柑橘,超过 10 000 亩,主要分布在天宫院村、西河塘村、宝珠村、石狮村;场镇常住人口 300 人左右;各个村落已接通天然气,但不是每一户人家都通了天然气,仍有村民更愿意烧柴火,但天然气普及度较高;天宫乡'三革命'(污水革命、厕所革命、垃圾革命),开始了前期的统计、试点以及摸排工作,现在已整治上报,规划新建 3~4个污水处理站;以及政府对垃圾车和垃圾箱的配备,目前垃圾主要采用填埋式处理,周围乡镇也会新建处理站。"政府对居民的环境教育较少,主要通过广播传播,但因地处景区,卫生工作处理较好,居民环保意识也较强。我们还对天宫乡的秸秆进行调查,从主要秸秆产物、秸秆禁烧令的宣传力度、秸秆处理方式等多个角度，我们发现上至80岁的老人、下至中小学生，对秸秆禁烧令都比较了解，当地宣传力度较大，村民也积极配合当地政府的工作。天宫乡产生秸秆的农作物主要为玉米，经过我们的走访，发现村民处理秸秆的方式主要为用作饲料、肥料或充当柴火。我们在村委会进行秸秆禁烧广播宣传，从危害、处理方式、新型利用价值等方面为村民进行科普宣传。最后一天，我们对天宫乡中心学校的8名初一小朋友开展了"小手拉大手，共同守蓝天"的秸秆禁烧主题课程，从小在他们心中埋下环保的种子。

在这次实践活动中，我收获了什么？

我明白了团队精神、共同合作在工作中的重要性。每个人对每件事的看法是不同的，所以处理事情有分歧是很正常的，但随着大家彼此逐渐了解，分歧会慢慢减少，工作开展也会越来越顺利。只有大家的思想统一了，心往一处想，劲往一处使，才能出色地完成工作。从24个人很散的状态到我们相互打闹、相互开玩笑，一切都变得那么自然。原来一个团队可以这样有效率地工作，每一位队员都在努力地为整个团队添光加彩，都在努力地想能够为当地带去一些什么，能够为跟随我们的小朋友带去什么。

我也明白了前期准备工作在整个过程中的重要性。"好的开始是成功的一半"，只有经历后才能体会到这句话的真正含义。如果你在工作前不充分准备，你就不能够搞好你的活动。

我觉得做一件事，只要你用心去做了，不管结果怎样，你都是成功的。通过这次实践，让我们真正学到不少，对社会的理解也在活动中加深了。在实践中学习其他知识，不断地从各方面武装自己，能在竞争中突出自己。作为新时代的一名大学生，我们必须坚持正确的方向，努力学好各种知识。除此之外，我们还必须参加各种社会实践，到校园外的社会去锻炼自己的意志，增加自己对复杂社会的了解，增强社会责任感，提高适应社会的能力，为我们大学毕业后完全进入社会做好准备。

我们的暑期社会实践接近尾声，我们所流下的汗水是对生态绿色的渴望，是对绿色环保的呼吁，是对我们付出的肯定。活动期间，难免有磕磕绊绊，既有大雨倾盆、路途的遥远，也免不了少数村民的拒绝，但这些都不是问题，我们得到的是合作的快乐，是刻骨铭心的一种经历，更是一种责任心的体现。践行生态环保，共创绿色中国梦。每一代人都有每一代人的责任，而实现绿色中国梦是我们大家的责任。虽然我们的力量是渺小的，但我们仍旧希望通过我们的行动，向更多的人传达出建设生态文明、共创绿色中国梦的理念。

我们每一位都在努力！在最好的年华为自己的青春谱上最美的曲子。我们已分别，或许阆中市天宫乡将会是我们共同的记忆，一辈子的回忆。天宫，不可磨灭的记忆；天宫，我们永远会期盼再去的地方！

天宫，你好！天宫，再见！

（35）

暑期"三下乡"心得体会

西华师范大学环境科学与工程学院　褚夕

　　一个酷暑的季节，一次难忘的经历，一份无闻的付出，在骄阳烈似火的七月，唱出了心中真情豪迈的歌声，为那片灼热的土地浇灌了温情的甘霖，滋润。性格开朗、积极向上、不怕困难、不怕累、不怕苦的我有足够的理由相信，那次暑期社会实践活动会镌刻在我的心头，直到永远！记得那时骄阳熬不走我澎湃的激情，挡不住我似火的热情，劳累更驱不走我激荡的豪情。用笑遮盖劳累，用歌声感动烈日，要让自己的青春在奉献中飞舞。当我激情昂扬地参加出征仪式时，激动的会场让我觉得无论多辛苦，一切都会值得的！

我们绿色科普小分队前往天宫院村管理站进行绿色广播。广播顺利进行，内容积极健康向上。我们广播时认真专注，播音过程中没有什么差错。绿色广播之声的第一天顺利进行，除了顺利地介绍天宫乡外，也将《公民生态环境行为规范（试行）》清楚地传达给村民。后面几天的广播围绕此题材介绍，在广播的同时，及时报道了各个小分队的活动开展情况。整个广播过程的反响不错！

最后一天了。早上，彩排着我们小分队的节目、小朋友的话剧、其他小分队合作的歌舞串烧、整个大团队的合唱。随后，我们进行了闭幕式，台下的观众有我们熟悉的村民。他们对我们小分队的支持和热爱让我们欣喜。而在台上的我们尽全力给他们带去最好的表演，反馈给他们。看到他们笑、他们乐，我们小分队十分欣喜。

节目之后，我们和天宫乡中心学校的小朋友合影留念，在那几天中，我们几乎天天见面，一起去播音，一起表演话剧。在那一刻，我们小分队很舍不得小朋友，好像我们每一个人都有很多话要跟小朋友说一样，小朋友和我们的关系在这几天很亲密了，大家就像一家人。

实践活动中，我磨练了意志，奉献了爱心，培养了理论联系实际的良好学风。责任和使命不仅使我忍受了从未有过的困苦，迸发出从未有过的热情，而且使在无私奉献知识和爱的过程中体验到一种从未有过的幸福感和成就感。在阆中市天宫乡的日子里，大家每天都被工作排得满满的，白天和队友们一起出去活动，晚上回去总结，拖着疲惫的身体上床睡觉，经历了很多、收获了很多。活动结束后，我开始梳理自己的思想，发现这一路的经历让我着实成长了很多。在"三下乡"的全程中，我求真、务实、创新、乐善，具体情况如下。

思想上精心策划，全力以赴

把思想作为前进的动力，"问渠那得清如许，为有源头活水来"。指导老师说过，"三下乡"是全国各大中专院校组织的长期活动，学校每年都要为此拿出不少的经费，目的是要增强大学生的社会实践能力和历史责任感。因而，我们要以改革创新的精神深入基层、了解基层、服务基层，搞好活动，实现活动的最大价值。唐娅老师语重心长的话语，无疑给我们的准备工作添加了浓墨重彩的一笔，我们在活动过程中也一直铭记于心。所以我必须拿出愚公之志、精卫之愿，在"三下乡"期间身体力行、悉心调研、诚心服务、服务"三农"。

行动上倾注真情，热心帮扶

开展社会调查，通过走进社区，真切地了解社区居民们的实际生活状况，尤其是普遍关注的农民增收情况。为了更深入、更具体地了解村民们的具体情况，通过走访村里的各家各户、实地考察、问卷调查、专人座谈、交流记录等丰富多彩的形式了解当地农民的生产生活情况，吸引了村民们的关注并得到了赞赏。

思考与感悟

通过实践，通过自己的调查了解，特别是与广大农民的接触，我了解了过去、了解了经济发展的历程，让我振奋精神、勤奋学习、开拓进取。建起咨询服务台进行政策咨询和知识宣传、实践服务，为当地群众传播了法律知识和惠农政策，办了实事，丰富了文化生活，在一定程度上为促进当地经济、政治、文化的发展产生了积极的作用。自身的价值得到了体现，实现自身价值同服务人民有机地统一起来。

总之，那次"大学生在行动环保科普活动"暑期社会实践带给我的记忆是难忘的，我不会把那次实践当作终点，而是把它作为一个起点，积极参与更多的社会实践，在实践中提升自我。

(36)

在实践中获得成长

西华师范大学环境科学与工程学院　青佳明

　　我的名字叫青佳明，我是西华师范大学 2018 级的一名学生。很自豪能参加暑期社会实践，利用自己的专业知识助力当地环境保护。为期七天的实践生活过得非常充实，保质保量地完成了所制订的计划任务。24 人的集体在两位指导老师的带领下，出色地完成了暑期社会实践活动。回首五年来，我们砥砺前行、不忘初心，以青春的热血，建设更美的中国！

　　六月，实践活动的文件下达后，我便产生了浓厚的兴趣。本着以学习的态度，我立即提交了报名表，参加了环境教育协会组织的面试。在面试中，我以饱满的热情和认真的态度回答每一个问题。很幸运，当得知自己被小队长选择时，我的心里其实既是开心的又是忐忑的。开心是因为自己能参加活动，既学习和传递更多的东西，弥补自身很多的不足，又可以帮助他人。忐忑是因为自己以前没有参加过类似的活动，在很多技能方面都很匮乏，担心自己不能胜任。但后面与各个小分队的相处过程中，我之前的顾虑完全打消了，这个团队在工作和生活中都互帮互助，时刻都能感受到温暖。在那次实践活动中，我收获满满。

在前期的准备工作中，我学习到了以前从未接触过的知识。比如，我们小分队的主要宣传内容是秸秆禁烧。如果你以前问我秸秆是什么，我确实不了解。但既然要给他人传播这方面的知识，自己就应当对所讲的内容有更深的学习和更广的延伸，这样才能让别人有更大的热情去聆听。做什么事都应当有一个计划，每天的工作才不会迷茫，有计划是成功的基石。出发前，在一次简单的会议中，唐娅老师提到主观积极性，我觉得这个东西真的是我所缺乏的，我也相信这是许多的大学生所缺乏的。大家都有积极性，但真正有主观积极性的却很少，以后步入社会，并不是所有人都会像大学里的老师一样告诉你去干什么，而是要自己去想要做什么。在期末那段忙碌的时间里，我一边复习着，一边查相关资料。

出发时，每个人也都是大包小包地拿着行李，一个简短的出征仪式后就是两个小时的行程。伴随街边的风光，我们到达了目的地——天宫乡中心学校。那里的环境挺好的，空气清新，植被丰富。第一天，我们要为第二天的开幕式准备。排练一直进行着，一直到了傍晚。第二天的开幕式上，我们以最好的面貌展现给大家，也受到了当地领导的支持与群众的喜爱。在忙完开幕式后，每天基本上的工作都是：各个小分队按照自己先前制订的计划外出行动，上午外出自行安排，下午在会议室里写稿和剪辑视频，晚上开会总结当天活动和第二天计划。我们小分队在每天的与人交流中，了解到天宫乡的占地面积和主要农作物等；走访人家，向当地村民传播秸秆禁烧的知识；到镇上分发宣传资料。在每天下午的工作中，我也学会了怎样剪辑视频和编辑新闻稿等。在每天晚上的会议中，我的收获也是很大的，指导老师总会以丰富的学识与经验对每个小分队的活动进程进行指导，每句话都很有针对性，对团队后面的工作都有很大的帮助，每个人各自的收获也不同，各项工作也渐入佳境，每天的成果更加好了。

在那儿每天的生活都特别有规律，比起往日暑假里晚睡晚起、整天都无所事事的样子，那样的生活显得有意义多了。暑期社会实践活动已经结束了，然而活动的每个场面都深深地印在我的脑海里。虽然那七天有苦有累有汗水，但我觉得那是一次难得的经历，我不仅结识了新朋友、开阔了眼界，还从中学到了不少知识、增长了不少才干。使我懂得了在将来不管做什么都要有坚持不懈的精神。要勤劳，要虚心学习，要有明确的目标、端正的态度。不论做什么工作，都要学会微笑，这样别人才会对你真诚，一些看似细微的东西实际上是至关重要的。比如一句简单的问候能表现出你对别人的关怀，也让他人感觉到被重视与关心。沟通也是一种技巧与能力，要巧妙运用，要善于与别人沟通。社会是残酷的，光有文凭但没有社会经验，在社会中生存会有一定的阻碍。在那次实践中，我通过亲身体验，让自己更进一步了解社会，在实践中增长见识、锻炼自己的才干、培养自己的韧性、找出自己的差距与不足。

在以后的学习和生活中，我将摆正心态、正确定位、发奋学习，不断完善自己，让自己做得更好。我将参加更多的实践，磨练自己的同时让自己认识更多。实践让我们成长，做事要注意细节，即使很小也会改变很多。以后我会更加努力，跟随时代的步伐，迎接美好的明天！西华师范大学暑期环保科普活动已经开展了五年，我相信还有许多的五年，也希望更多的同学积极参与，好好利用此次机会，提升和完善自我。在实践中体验成长的艰辛，在实践中体验成长的喜悦！

(37)

星火燎原——大学生在行动

西华师范大学环境科学与工程学院　蒋银川

随着经济的发展，具有全球性影响的环境问题日益突出。不仅发生了区域性的环境污染和大规模的生态破坏，而且出现了臭氧层破坏、全球气候变化、酸雨、野生物种减少、土地沙漠化、森林锐减、越境污染、海洋污染、土壤侵蚀等大范围的和全球性的环境危机，严重威胁着全人类的生存和发展。国际社会在经济、政治、科技等方面形成了广泛的合作关系，并建立起了一个庞大的国际环境条约体系，联合治理环境问题。我国的生物多样性在世界上占有相当重要的位置，但据科学家统计，我国同世界很多地区一样，物种正在以惊人的速度灭绝。

改革开放后，我国经济腾飞、社会进步、国力增强，在世界上扮演着越来越重要的角色。但随着经济发展，环境问题也日趋严重，环境污染、生物灭绝屡屡发生。因此，保护环境和生物多样性已经刻不容缓，国家已经在行动，我们每个中华儿女都应义不容辞。特别是我们当代大学生，作为新时代的年轻一辈、国家的未来，更应该为了我国的环境保护而不懈奋斗。我们接受着高等教育，比家里和社会中许多人更能理解环境的重要性。我们可以教育弟弟妹妹爱护环境、保护动物；我们也可以向长辈宣传环保的重要性，增强他们的环保意识。

"纸上得来终觉浅，绝知此事要躬行。"我从小就知道这个道理，作为环境学院的一分子，学习了许多关于环境的知识，就是为了投身于祖国的环保事业中。而这次为期一周的社会实践就是一次非常好的机会。所以，为了响应国家号召，实现自己的环境梦，也是为以后能从事环保工作积累一定的经验，更是为了我们这星星之火可以燎原，我报名参加了西华师范大学环境教育中心组织的 2019 年"大学生在行动环保科普活动"暑期社会实践，主题是"保护生物多样性"，目的地是天宫乡。

抑制不住激动而忐忑的心情，我们到达了文化底蕴深厚、环境优美的天宫乡。我们整个团队驻扎在天宫乡中心学校，受到了当地政府的大力支持。队伍分为 8 个小分队，分别为环境与健康小分队、生态农业小分队、生态环境教育小分队、绿色科普小分队、绿野仙踪小分队、生态调查小分队、生态笔记小分队、生态环境监测小分队，每个小分队三人，各个小分队各司其职、协调合作，加上带队的李友平老师、唐娅老师，就组成了那次环保科普活动暑期社会实践的队伍。而我，就是其中生态调查小分队的一员。我们的任务是了解天宫乡植物资源的现状以及天宫乡植物资源的分布特征。

"星星之火，可以燎原。"我国能有今天的富强，离不开先辈们的努力，当初多少革命先烈付出了生命的代价，才让革命的力量逐渐壮大，从开始的少部分地区，到后来的全国各地。我们的活动，虽然不像当年革命那样艰难，但是通过我们的环保科普活动，能影响更多的人，为环保事业贡献一份力量，积少成多，我国的生态环境何愁不好？

在那次社会实践中，我们干了许多事。开始开幕式，节目的排练，后面工作的前期准备……工作中互相磨合，我和小伙伴们越来越默契，对新认识的小伙伴有了更深的了解。开幕式开始后，紧张的工作、庄严的宣誓、欢快的表演，无一不是一次别样的体验。活动取得了良好的开头，增强了我们工作的信心和动力。

之后，我们就开始了解天宫乡植物资源的现状以及天宫乡植物资源的分布特征。调查的方法采用样线法，根据当地的地形、地势特点和植物分布情况，分别于山、河流旁进行调查，每个调查地取 3 个调查样地。在每个样地拉取一条 10 米长的样线，以样线为基准，对样线两侧 0.5 米范围内的植物群落进行识别记录，并对无法识别的物种采样，带回工作室查阅资料。在调查工作的同时，我们还向遇到的村民积极宣传保护环境和爱护生物多样性。经过我们和小志愿者的努力，耗时多天，终于完成了植物群群的调查。我们小分队通过对阆中市天宫乡植物物种的识别、记录、分类整理，共计调查到 156 种植物物种，其中包括列入国家一级保护植物名录的水杉。在调查的 156 种植物中，还不乏较大药用价值的植物，如小蓬草可全草入药消炎止血、祛风湿，治血尿、小儿头疮等症；鬼针草为我国民间常用草药，有清热解毒、散瘀活血的功效，主治上呼吸道感染、咽喉肿痛、毒蛇咬伤……艾全草入药，有温经、止血等作用，也可作为杀虫的农药或薰烟用于房间消毒、杀虫……

在活动中，我们没有直接改变天宫乡，但是我们的影响是潜移默化的。在七天的实践中，我们更多的是在天宫乡的师生和村民的心中埋下了一颗种子，让他们在平时的生活中更加重视环保。通过宣传，让村民了解到生物多样性是人类生存与发展的基础，为村民普及生物与环保的关系，让环保意识深入人心，共同构建绿色家园。再加上我们的行动，能让更多的人参与到其中，特别是广大农村劳动人民，他们知识水平不高，我们的现场活动对他们的影响更为深刻。环境不是靠少数人就能变好的，需要每一个人共同努力才能达成，所以需要我们每个人都为此奋斗。而且在活动中，我们不仅为环保事业贡献了自己的力量，还提高了自己的能力、增长了见识，也收获了许多沉甸甸的友谊，这是人生的一种积累，是"双赢"的过程。为此我希望以后能有更多的同学积极参与到环保科普暑期社会实践中来，为建设美丽中国努力。

㊳

遇见天宫

西华师范大学环境科学与工程学院　赖敏锐

　　蝉鸣荷开，大三暑假，我参加了2019年"大学生在行动环保科普活动"暑期社会实践。作为队伍里唯一的大三队员，我无疑是"特别的"。有人问我，为什么选择在大三去参加暑期社会实践？在一个周围都是大一、大二师弟师妹们的环境中不会尴尬吗？其实我也曾纠结是否要去，此前的两年我都参加了"大学生志愿者千乡万村环保科普行动"的面试，但都未成功。已经大三的我，面临着考研、找工作，周围同级的同学都在考研或实习。考虑了几天，我依然决定参加志愿者面试，我想再试一次，就算再次失败，在以后想起我也可以说我为此努力过，我不会后悔。还好，我是那个很幸运的女孩，第三次的面试终于成功，我如愿参加了2019年的环保科普实践活动。

三次面试，从2017年到2019年，我都拥有不一样的感受：大一时我仅仅是觉得社会实践可以让我的假期不那么空闲，至于这个活动可以带给我什么，我并未深入思考过；大二时我对环保科普活动有了初步的了解，学了一定的专业知识；大三时也就是2019年，大学的最后一个暑假，我想让自己的大学生活更加圆满，从实践长才干。作为还有一年就要毕业的大学生，我想通过参加环保科普实践活动，了解到当代农村的环保现状，结合自己的专业知识，宣传环保理念，将理论与实践结合，开阔自己的视野。

时光荏苒，依稀仿佛昨日，我们还提着大包小包的行李，兴致勃勃地在大屏幕前集合，然后出发、到达。还记得到的第一天晚上，很累，我与同寝的可可还在感叹七天的时间有点长，但现在我们的社会实践早已结束。一切的一切都太快太快，快到我们都来不及捕捉。那次社会实践的目的地是阆中市天宫乡，我们在周围的乡村进行实践活动。天宫院村为全国历史文化名村。那次活动以宣传"保护生物多样性"为主题，主要针对社区居民和农村妇女、儿童、老人等，开展内容丰富、形式多样的环保科普活动，传达"保护生物多样性，就是保护我们的食物、保护我们的健康"理念，促进人们养成有益于环境保护的行为习惯和生活方式。

社会实践为期七天。第一天是收拾行装、整理寝室、彩排节目；第二天是活动的开幕式；后面几天主要就是小分队的单独活动，我所在的小分队是生态调查小分队，主要调查当地的植物多样性。在当地具有代表性的山坡、河流、耕地等附近布设样线，调查样线范围内的植物种类。对不认识的植物，用手机App识别，记录其种属以及其特殊的作用；对不能识别的植物，采集植物样本带回住地，通过资料调查，确定其种属。四天的实践中，我们在天宫乡附近共计调查近 200 种植物。那次的实践活动带给我很多的责任和挑战，当然我也从中获得了很多的知识和能力。

首先是情感。一周的实践中，我认识了很多可爱的伙伴，队员之间也愈发熟悉。我的三个队友：仙女赵碧琳是我的小队长，是我们的物资总管，统筹协调各类事情，负责新闻稿最后的修改和定稿；蒋帅是我们的体力担当，负责每天的植物识别、样线布设、撰写团队日记；琳琳小可爱是我们的小志愿者、带路小向导。我是队里的"老阿姨"，是摄影担当，负责每天的新闻稿撰写……在七天中，雨下得很大，蚊虫很多，需要整理的资料很多，但我们一直在坚持。我们一起冒雨识别记录植物，一起加班改新闻稿，一起熬夜剪辑视频……唐娅老师是我们的指导老师，在以前未曾真正了解过唐老师，经过那次实践，真正地认识了这位可爱的老师，也了解到唐老师的知识渊博，每次和唐老师聊天，都会收获很多。作为一个学生团队，虽然我们的专业知识还不够，但是通过大家的努力、紧密的联系，一起讨论、一起做事、一起总结、一起面对困难，出现问题时能够及时提出并找到解决的办法，增加自己的知识，我们的团队精神、合作意识以及成果意识都有了进一步的增强。

其次便是个人技能的提高。虽说我是团队里唯一的大三学生，作为师姐，相较他人有更丰富的专业知识，但是在实践方面，我自身能力不足，面对很多问题时都还不能解决。除了每天必要的实践调查外，我们还需要完成每天的个人日记、团队日记、新闻稿件、团队视频，任务非常繁琐，有时还不能充分休息。但正是这个撰写稿件、剪辑视频的过程，让我一个语文小白，也逐渐了解新闻稿如何去写、如何将文笔写得更好、如何投稿。在这个过程中，我的写作水平提高了。另外，剪辑视频的技能也愈加熟练，以前自己只会用一种软件剪辑视频，通过那次活动，也学习到另一种软件的技能。此外在调研中，我自己的沟通及组织能力也获得了提高，比如如何发放环保宣传手册？如何与当地居民交谈？如何与其他队员协作完成我们的工作？

最后便是自己的专业知识及实际操作能力的收获。以前虽然曾对生物多样性有一定的认识，但从未有一个具体的概念。也未想象过，一根 10 米的样线两侧 0.5 米范围内，竟然可以有 50 种不同的植物。也从不知道，小时候讨厌的鬼针草、苍耳具有我们所不知道的功能。鬼针草全身可药用，苍耳可榨油作为润滑油的原料……调查中，我们还发现了翠云草等具有消除污染、净化空气等功能的植物，这刚好与我们的专业相结合。

七天的实践过程，不论是老师丰富的专业知识，还是队员们各种的才艺或专业技能，都让我深深地感觉到自己所学知识的肤浅、在实际运用中专业知识的匮乏。最深切的感受就是，无论从何处起步，无论具体从事哪种工作，都应学好专业知识，将理论与实际结合，这样才能与社会更好地接轨。

最后，我特别想感谢当初坚持的自己。生活就是这样，有些事情你如果不去尝试，永远无法体会其中的感受，只有去做、去实践，才会有提高，才能成长。

美丽天宫，环保科普，感恩遇见！

㊴ 环境监测与我的故事

西华师范大学环境科学与工程学院　袁浩

　　在环保科普暑期社会实践中，我参加了生态环境监测小分队，与李洪、李勇一起组成三人团队。我以为小分队会进行现场监测，不过后面才知道天宫乡距离环境监测站太远了，不切实际。7月14日，我们开始了暑期社会实践，每个人将自己的行李准备好，与其他小分队一起在校门口搭车去往阆中市天宫乡。到了天宫乡之后，我们在居住的寝室认真地打扫，准备第二天的开幕式。第一天是匆匆忙忙的一天，我从中领会到了一些，如出发时的喜悦、将志愿者精神传承下去。

第二天，上午举办"大学生在行动环保科普活动"暑期社会实践开幕式，我们邀请了附近的居民观看开幕式，向当地居民展示志愿者的风貌。开幕式结束后，我们在场地上拍了合照，然后打扫了场地。到了下午，我到办公室，像前一天一样坐在角落开始写我的日记，到了下午三点，李勇师兄，也就是我们小分队队长叫我和李洪师姐出去。他告诉我们小美将带我们去附近的村庄走访。我们先相互介绍了自己，然后队长简单地介绍了小分队的工作。我回到办公室继续工作，开始剪辑视频，把视频给李勇师兄修改。我那天认识了一个新伙伴小美，非常开心，我知道收获了朋友就收获了认可。

第三天，我们吃完早饭就和小美出发，寻找天宫乡最美的自然之声。那天因为下雨，我们打着伞在外面寻找着，到了西河旁边，录下了西河之声，同时在一片空地中找到了自然中的环境监测指示植物——苔藓。当环境中的硫化物等物质较多时，苔藓会死去，表示环境受到污染。中午我们四人开始返程，下午我们把当天的所见所闻写成日记，处理完一些琐事后就快六点了，我拿上饭碗去吃饭。走在路上，我看到那群小朋友，他们都认得我，还说"西夏皇帝元昊"，我非常吃惊。虽然是通过谐音字认识的，但是我却成了到那里后他们所有人最先认识的志愿者。吃饭的时候我和他们聊天，他们时不时开我的玩笑。我很感谢能遇到这一群小朋友，谢谢他们在我暑期社会实践时带给我额外的欢乐与收获。

第四天，我们和前一天一样，吃过早饭就一起出发了。那天我们走访了居住在山上的人家，一边做问卷调查，一边寻找指示植物。在路上，我们碰到了非常有礼貌的一家人，她们认真地听我们讲解，并且还热情地招呼我们，我们谢过这户人家后继续寻找我们的苔藓之家去了。在苔藓之家，我们制作了视频初稿，修改完善后投到网上。那天，我们发现了热心的人，让我们知道了热心才能学得更多，才能寻找到更多的朋友。

第五天，早饭后我们继续寻找制作微景观的材料，先到了前一天的苔藓之家，取了一整块的苔藓，然后去拾取了一些被雨打落的花瓣，拾取了一些树叶。回到驻地，我们开始制作微景观。我们找到一片碎瓦片，在瓦片上铺上一层细沙，然后铺上一层小苔藓，然后用石头、树叶和花瓣进行一些细节上的美化，小苔藓微景观就这样制成了。我们还将制作过程录制下来，留作视频素材。午休后，我立马赶到办公室，开完会就开始剪辑上午的视频。因为那天素材挺多，所以我们小分队决定剪辑两个视频。那天非常充实，但是我觉得我做得不是很好，希望我真的能做到改变，让自己做得更好。

第六天，再过一天就要结束社会实践了，真的舍不得。小美作为我们的小导游，带我们去各个村宣传和科普指示植物的作用。我们本来想和生态笔记小分队一起去举办一个课堂，后来由于一些原因，我们改了行程。改成和前一天一样去乡下进行环保科普与宣传，在长流村进行入户宣传。一路边走边对当地的居民进行环保科普与宣传，我们遇到了两个热心的居民，他们为我们指路，还带我们去找其他的居民进行宣传。

第七天，是社会实践的最后一天，在举行完闭幕式后就开始准备离开了。回顾那几天，我真的学到了很多东西，从独来独往到一起承担，从沉默寡言到积极活跃；我在那七天中还收获了友情，无论是与小朋友们，还是与师兄师姐以及同级同学，我们的关系都非常好。我还学会了担当，变成了一个真正敢作敢当的人，学会了怎么去与人交流，也学会了师兄师姐所做的事情，让我知道我应该做什么、应该怎么做。感谢李友平、唐娅两位老师指导我们开展环保科普社会实践，感谢师兄师姐教会我很多，也感谢天宫乡的小朋友，因为有你们，给我的生活增添了色彩，希望来年我们继续。

④0

浩荡大海，都是小流小溪的初心使然

西华师范大学环境科学与工程学院　刘雅琳

　　参天挺拔，源于小树苗执着成长的初心；搏击长空，源于雏鹰执着蓝天的初心；娇美艳丽，源于花蕾执着绽放的初心；浩荡汹涌，源于小流执着汇聚的初心……世间万物皆有初心，并始终贯穿如一。于我，亦然……

　　经历了高考拼搏的我，进入大学校门。转瞬间，大一生活即将完结。大一期间，当第一次听到有"大学生在行动环保科普活动"暑期社会实践（环境教育协会）时，"她"唤起了我想要做更多有意义的事情的初心。到后来的焦急等待，到紧张的志愿者面试，到面试通过的喜悦，再到出征前的兴奋激动，这一过程执着而漫长。当我们真正集体为那次活动进行出征前的积极准备时，我觉得很值得，因为知道"她"即将带给我进入大学以后最有意义的"旅程"。

迎着清晨的第一缕阳光，我们在气势十足的出征仪式后踏上了前往阆中市天宫乡的志愿者之旅。一路上听着轻音乐，看着路边的花花草草、枝枝叶叶，愉悦且期待。很快，我们抵达阆中市天宫乡中心学校。初见天宫，那古色古香的大门，那精致的小矮房，绿瓦、红墙，与人们对往常学校的刻板印象不同，显示出一种复古的别致美。

接下来便是为期一周的环保志愿者活动。从开幕式的打响，到8个小分队特色活动的展开，到紧张却高效的集体会议，再到闭幕式的圆满落幕。那七天，忙碌疲乏，也充实快乐。我们小分队为绿色科普小分队，主要任务便是为当地进行绿色广播，积极拉动当地中小学生及村民代表，一同宣传《公民生态环境行为规范（试行）》。中小学生及村民代表也为大家分享了自己对环保以及对当地环保工作的看法。除此之外，我们小分队还进行了实地走访，针对我们的广播质量以及当地居民对环保工作开展的各种建议进行了调研，并整理为相关调研报告。此外，我们小分队也与整个团队共同完成了开幕式、闭幕式以及相关集体活动。那七天，说短也短，说长也长：集体彩排节目时的喜悦，小分队收获满满时的喜悦，新闻稿被各大网站选取发布时的喜悦……除此之外，还有指导老师耐心教导时的感动，集体出现分歧时的无奈，得知其他小分队新闻稿已发布时的"不甘"，对食堂可口饭菜的满足，小伙伴们集体努力时的干劲十足……那些天的我们，的确是百感交集：自己有不屑过，有敷衍过，有无奈过，有失望过，又兴奋过，感动过，收获满满过。懂得了如何与其他伙伴合作完成任务，懂得了如何更加亲切地与当地村民们深入交谈。第一次写新闻稿，第一次去当地广播站进行绿色广播，第一次合作彩排节目，第一次以大姐姐的身份与小朋友交流，第一次以大学生志愿者的身份进行实地走访、写调研报告，第一次集体聚在会议室里度过一个又一个忙碌的下午，第一次与师兄师姐以及老师们同吃同住同做事。

我想，我怀揣着那颗美好的初心到了天宫乡，也许是想感受和不同的人一起外出、一起做事，也许是想收获到课本里、学校里收获不到的"意外"，也许是想领略一下团队奋进、团队精神的实力所在……历经了七天的共同奋进之后，我着实也一一实现了当初的目标，甚至觉得"物超所值"。作为团队里为数不多的大一新生，我有很多不足，还有很多不懂的地方，不知道怎样为师兄师姐分担任务，不知道如何权衡自己和团队的时间，不知道怎么高效率地做好老师及师兄师姐分配的工作……我想，这些都还需要在一次又一次的实践中磨练、体会、改善、收获。

闭幕式上，小朋友们深情的文字独白令人潸然泪下，八面队旗披身的男生们的逗趣走秀、新颖别致的情景剧、欢快活力的青春舞蹈、婉转悠扬的励志歌声为我们最后的天宫之"旅"画上了圆满的句号。闭幕式尾声时，全体志愿者合唱了《让中国更美丽》，"冬有冬的雪花，春有春的草绿，天有蓝色的湖水，白云爱沐浴……"一首环保歌，唱出了祖国母亲对环保工作的坚持努力，唱出了志愿者们不变的初心，更唱出了一段永恒的天宫记忆，这段记忆也永远地封存在了我的脑海中。为期一周的天宫实践生活在袅袅的歌声中落下帷幕，不知不觉，时间就在一个又一个的第一次中消逝。村民们对环保工作的热忱，小朋友们动情的日记，大家渐红又湿润的眼眶、如花的笑颜，都会成为天宫留给志愿者们最美好的回忆……天宫，你好；天宫，再见！

去时的我，怀着一颗真挚的初心，满是兴奋与期许；归时的我，怀着一颗更加真切的心回到学校，满是收获与感谢。我一直都在想，如若没有自己百般争取志愿者名额的努力，便没有此后的感动与满足，没有那种来之不易的体会，没有一段与小朋友们、师兄师姐们真挚的感情。

很喜欢一句话："有时候，一个人走了太远、太久，以至于忘记了当初是为什么出发。"的确是这样，当时我加入学校环境教育协会的时间虽不很长，却也是一年之久，也许走着走着，我们可能难免会忘了当初是为何做如此选择，选择加入这个协会大家庭，选择与同伴们一起忙碌，选择参与一次又一次的集体会议……其实，于我而言，我始终眷恋着自己最初的那颗心，那是作为环境专业的学生在面对各种机遇与挑战时想要勇敢走下去的决心，虽中途有过懈怠，有过无奈，有过敷衍，但在毫无成就感的日子里，我无法真正做回自己，于是重拾起那颗无损的初心，迈开脚步重新出发。

愿协会的每一个小伙伴、每一个致力于环保的工作者，都能不忘初心、砥砺前行。毕竟，时光虽短暂，有意义的事情却可以奔流不息，熠熠闪耀在这长河里。要始终铭记："漫漫时空，冷暖之间，爱恨之中，得失之时，进退之际，不忘初心，不移真心，方得始终。"

41

风雨无阻，环境教育路上你我同行

西华师范大学环境科学与工程学院　陈兰

　　暑期社会实践是大学生走进乡村、体会民情、服务基层的一个好机会，很感谢西华师范大学环境教育协会能够给我机会，参加 2019 "大学生在行动环保科普活动" 暑期社会实践。我们在阆中市天宫乡进行环保科普、开展环境教育，把自己的专业知识运用到实际。在这个过程中，收获到的不仅是友情、民情、师生情，更是自己的成长。

　　在出征前，我们大致了解了一下当地的情况，针对实际情况准备我们的活动计划书，准备并整理我们需要的物资，包括调查问卷、科普知识、采访问题以及团队每个成员的大致分工。

7月14日是个好日子，因为有一群来自不同年级、不同学院的24位同学集结在一起，怀着一个共同的期待，相约奔赴天宫乡去探寻我们的未知。我们大家都清楚自己是满怀着在实践中锻炼自己的热情到了天宫乡，接下来的日子可能会很苦，但是相信我们能够坚持下去。迎着初升的朝阳，大家带上了自己收拾好的行李，满怀热情地集合在一起。首先，李友平老师为我们的出征仪式致辞，他强调在这个活动中最重要的是安全第一。接着，大家拍了出征的集体照，在阳光照耀下的我们是那么的可爱、那么的充满激情。最后，在出发前，我们的几位小伙伴拍了一段跳舞的短视频，虽然太阳很热情，但她们依然活力四射。

不一会儿，大家都陆陆续续地上了车，我们正式出发了！一路上，有的小伙伴欣赏风景，有的小伙伴可能有点疲倦入睡了。经过一个多小时的车程，我们来到了期待已久的天宫乡。下车的那一瞬间，眼前的景象让我感叹不已，那里不像我们那边的农村，那里的房子是比较古风的建筑，农业也比较发达，一片一片农田挺整齐的。到达住宿的地方，大家就开始收拾起自己的小窝。最有趣的是每个寝室都拥有一个专属的名字，比如快乐天使、幸福港湾、将军亭等，大家在忙碌的收拾中互相帮助、说说笑笑、乐趣洋溢。收拾完寝室，就到吃午饭时间了，哇，好丰盛的饭菜，大家都吃得饱饱的、笑嘻嘻的。吃完饭休息片刻后，我们便忙碌起来，为第二天的开幕式做准备，练习、彩排，再练习、再彩排，虽然大家已经是汗流浃背，但是脸上挂满了笑容。在整个节目排练过程中，我很开心也很荣幸，自己能作为站在前面的领舞，协助节目负责人一起带大家排练节目。志愿者们都很棒，在短短的两天就把舞蹈排练好了，当然这其中肯定离不开他们的汗水。一遍一遍地练习，不会、不整齐就重来，动作不对就单独教学，每次练习一个多小时，大家就会很累，当然我也不例外。而且我们的舞蹈比较活跃，全程都得活泼地跳，天气比较热，所以大家每次排练完都会大汗淋漓。这就是苦中有乐的感觉！

　　第二天九点正式举行开幕式。在开幕式上，首先是时装秀表演、领导讲话，之后就是授旗。我被临时安排去递旗，还是觉得挺荣幸的，哪里需要我，我就在哪里，正如接下来志愿者宣誓中所说的志愿者的奉献精神。之后大家收拾会场，下午又接着为第二天的小分队行动做准备。

　　终于到了小分队分别行动的第一天，尽管大雨一直下，但我们仍未停止活动计划。我们小分队的任务是在街道做问卷调查并走访，遇到不识字的居民，我们就把调查内容念给他们听，让他们根据自己的情况来回答。由于天气原因，调查效果不是很好，虽然大家那么辛苦地在雨中走访，但就算只得到了一点成果，也是那么的美好。

　　小分队行动第二天，我们去了周围的村落进行问卷调查及采访。我们了解到，当地的农村"三大革命"中的"垃圾革命"已经实行，即将推行的就是"厕所革命"和"污水革命"，当时最大的问题就是资金问题，只要资金到位，就能实行。当然还得听取居民的意见，不过据我们了解，居民大部分都很支持。

　　第三天是天宫院村赶集的日子，抓住那天的人流，我们又开始了问卷调查，同行的几个小分队也帮助我们一起分发调查问卷。有个伯伯原来是专门管垃圾的，他对保护环境比较了解。他说天宫乡还没有推行垃圾分类，只是垃圾清运做得比较好，所以我们觉得能够带给他们的就是垃圾分类这个理念。所以下午我们决定给小朋友上一节关于垃圾分类的课。虽然不能带动全体村民，但是，环境教育要从娃娃抓起，先给小朋友科普，再通过他们传播给身边的人。

　　小分队单独行动的最后一天，我们的目标是下乡入户，还有就是发放宣传手册，在问卷调查和采访的同时进行环保科普。小队长说得很对，我们不仅要从这里收获到东西，也要给他们带去一些东西，不能雁过无痕。我们去到一个老爷爷家，发现他家是一个生活用水模范家庭，这个爷爷比较注重饮水安全，他认为最有待解决的问题就是污水问题。自来水烧开后有很多脏东西，他决定安装净水器，他还带我们去看他家安装的净水器。我们走到山涧，听到小河潺潺的流水声，心里感觉特别舒服，那清脆的声音似乎在诉说着天宫乡村的雨景。小分队随着溪流的哗哗声走走停停，领略大自然的声音，边走边谈论这几天的收获和感受。最后我们邂逅一个热心人，他不仅指出这种实践小分队存在的一些问题，也提了一些建议，还带我们观察了农村化粪池、沼气池构造。虽然他言谈总是很犀利，但是我们也从中学到了很多。

最后一天，随着闭幕式的结束，我们的天宫之"旅"也就告一段落了。看小朋友们这几天和哥哥姐姐们一起表演节目、一起走访、一起进行社会实践，我们成长了不少，她们也成长了不少，但是总是要分别的。大家一起拍合照、一起录视频、一起有说有笑，有那么几个瞬间，看到我们小分队的妹妹哭了，我的眼泪止不住地就流出来了。真的很感谢相遇，让我能够遇见这么多优秀的小伙伴们以及这么多可爱的小朋友们。虽然我们分别了，但是我相信，我们不会散，在今后的日子里，我相信大家在一起遇到的时候一定会更加地友爱互助！

42

新征程　在行动

西华师范大学环境科学与工程学院　李洪

　　除了烈日当空、酷暑难当的炎热，更多的是斜风细雨、瓢泼大雨的清凉，我们肩负着不一样的使命，拥有着不一样的感动。第一次参加为期一周的"大学生在行动环保科普活动"，来时新奇、走时不舍。

　　为了发挥我们大学生群体的力量和智慧，积极倡导社会公众参与生态文明建设和环境保护，形成崇尚生态文明的社会氛围，共同履行环保责任、提升环保质量，在一些学会、协会、学院以及当地政府的支持下，我们在阆中市天宫乡开展了为期一周的暑期"三下乡"活动，活动形式多样、内容丰富。我们团队分为八支分小队，分别针对乡村儿童、妇女、老人及乡镇领导进行生态环保科普与教育，形式包括入户访问、教当地小朋友画画、广播、监测噪声等。就我们小分队而言，任务是针对当地自然之声、指示植物做一系列调查。

活动的第一天，淅淅沥沥的雨滴打在我那把小伞上，但阻挡不了我去探索以"监测与生活"为主题的热情。我们就这样带着小分队物资出发了。小队长李勇、队员小浩子、当地小志愿者小美以及我沿路前行，商讨计划的同时到了罗盘广场附近，拿出噪声检测仪监测广场噪声以及教小美监测噪声。据说当地近些年大力发展景区，当地大部分植物都是近几年移种的。紧接着，设计生态环境监测小分队视频素材，首先是队员的自我介绍，其次是找当地指示性植物，然后做了一个关于苔藓的采访。苔藓可以作为环境监测的指示性植物，只有空气和水质好的地方，才会覆盖茂盛的苔藓。苔藓结构简单，虽然大部分有了初级的根、茎、叶分化，但只由单层或少数几层细胞组成，没有保护层，污染物可以从叶片两面直接侵入。和地衣一样，苔藓不从土壤或基质中吸取营养成分，而直接从大气吸收养分，对有毒气体十分敏感，极易对污染因子做出反应。

活动的第二天，远山的晨雾在微风的吹动下滚来滚去，像冰山雪峰，似蓬莱仙境，如海市蜃楼，使人觉得飘然欲仙、神清气爽。我们继续前一日的寻找指示植物和自然之声，新增内容是结合我们小分队特色去寻找材料制作微景观。我们路过广场沿街走去，雨开始下大，我们撑着伞开始监测山间噪声值，噪声检测仪显示54.7分贝，随后我们在泛洪区、泉水区监测的噪声值分别为77.7分贝、75.8分贝。这些地点都属于噪声超标区，对人的听力有一定影响。紧接着，我们开始寻找材料制作微景观，有沿路可见的苔藓、酢浆草、落花、石头、瓦片、沙土以及其他叶子，着实有趣。返回途中，我们唱着欢快的歌儿，增进了队员间的友谊。

活动的第三天，蝉鸣叫醒了清晨，旭日初升，晨光熹微。我们神采奕奕地走在乡间的小路上，两旁小草顶着露珠刚刚露出地面，偶尔听到鸟叫，天空却没有飞过的痕迹。我们小分队与当地小志愿者小美带着宣传册等物资出发了。我们计划去西河塘村入户宣传西华师范大学环境教育中心、宣传我们小分队以及环保理念，顺便调查一下指示植物的种类、分布范围。于是，我们出门左转沿路向西河塘村走去，道路两旁有很多苔藓，也有很多夏季怕高温的百日菊，适合于阴凉的地方，它长期保持鲜艳的色彩，象征友谊天长地久。更有趣的是百日菊第一朵花开在顶端，然后侧枝顶端开花比第一朵开得更高，所以又得名"步步高"。越往前住户越多，但由于那天恰逢赶集，在家的人较少。路上行人偏多，我们借机上前宣传，大部分百姓都比较配合，也十分支持我们的工作，还有几个学生也跟随我们进行宣传。我们还进行了问卷调查，了解到大家重视有质量的环境，也发现当地垃圾桶较为特别，这也从多个方面为增强环保理念提供了有效途径。我们也不忘山上的住户，毕竟宣传要到位，我们也能看到些许其他植物，比如"言念君子、温其如玉"的芒萁，它也是一种指示植物。"三下乡"，就是要脚上沾有泥土，与蚊子作斗争，心里才能有收获，才能脚踏实地在大山里播种环保的种子。

活动的第四天，我们小分队与小志愿者一起奔赴长流村，进行一上午的"入户环保宣传"专项行动，了解河道、垃圾治理情况，宣传环境保护知识，助力新农村、生态阆中的建设。为了了解长流村居民对周边环境治理以及对指示植物监测污染的认识，我们挨家挨户进行访问。大部分居民很乐意配合我们，我们收集到详细而且有效的信息。也有少数居民不愿意听我们的宣传，说明我们的宣传方式还有待改善。根据这些信息，我们了解到大部分居民都是通过广播、互联网了解到环境保护的知识，并且80%的群众会将环境保护意识在日常的学习生活中付诸实践。在此次走访中，我们小分队不仅了解到当地居民对环境保护的看法，也为后期的总结工作奠定了基础。

　　活动期间，校领导刘利才副书记一行去看望我们，在炎炎夏日送去了西瓜以及问候——实践是教育、感知的有效途径，了解国情、民生也为学习提供了动力。在那次活动中，我们把要求落实到行动中，注意安全，努力为团队、学校添光加彩。我们牢记于心并将其精神落实到行动中。虽然实践活动为期短短一周，我却依然收获颇丰，24位志愿者互帮互助，构建了深厚的情谊，在老师的带领下不断提高自己的知识与技能储备量。活动机会难得，我们更应该学会珍惜，好好把握，在实践中认真学习，努力践行，提升自我价值，我为自己参与那次活动感到自豪。

(43)

缘　起

西华师范大学化学化工学院　苏兴玲

　　轻轻的我走了，正如我轻轻的来，可能对阆中市天宫乡而言，我只是历史长河中一粒小小的尘埃，准确地说，还是一粒飘忽不定的尘埃。

　　而那七天，在天宫乡和其他小伙伴一起度过的七天于我而言，是我特别珍贵的记忆。或许还会回去天宫乡中心学校看看，或许这辈子都不会再去了，但是我永远记得，记得大家初到时的激动、喜悦，记得一起扮演小品时的团结和途中的搞笑情节，记得一起去参观农博馆后的反思和收获，记得小朋友们在那几堂课上的积极以及对生物多样性知识探索的目光……

　　初到天宫乡中心学校那天，唐娅老师告诉我们一转眼就会发现到最后一天了，当时我们每个人都对那个地方充满了新鲜感，觉得时光挺慢的，觉得写团队日记和新闻稿的时光更慢。直到最后三天，我深深感受到了唐老师说的那句话的含义。想想七天，就那么过去了，而我们的缘分，有的或许会渐行渐远，而有的，不止那七天。直到今天我都觉得我很幸运，幸运的是我的小队长在当初那么多人一起面试的时候选择了我，幸运的是我们小分队的小伙伴都很温暖、很有爱。在我们小分队里，分工明确、配合默契，但是在小分队里从没有过什么任务没有人完成，因为在做完自己的工作后，没有做完的小伙伴都会一起完成。

还记得在出发前一天，我们志愿者团队第一次开会。我和陈诗颖迟到了，老师批评了我的小队长，我当时很内疚，觉得因为自己的过错连累整个队伍。从中也知道了作为团队的一员，不能因个人的错误而影响整个团队计划。

还记得第一天大家伙儿初到我们的根据地——天宫乡中心学校的时候，大家都惊讶于这所古色古香的学校，校园里很安静，时不时有清脆的鸟叫声。满脸洋溢着青春的笑容，你一言我一语讨论着寝室门上挂着的门牌——"阳光女孩""兰亭阁""快乐天使""将军亭"……很有意思的名字，我们为取名的人的才华点赞。意料之外的是，床上只有一块床板和一床棕垫，没有棉絮，大伙儿只好直接铺上床单，把被套当被子，简单的小窝就筑好了。记得很清楚的是到那里的第一顿饭，大家吃得格外开心。进餐期间得知往年参加社会实践活动的前辈们打地铺、自己做饭，深夜工作加班到十一二点，我顿时觉得我们的住宿条件好多了，甚至还为自己之前心里埋怨住宿条件较差而感到羞愧。

大多数小伙伴是环境科学与工程学院的，我和一个小伙伴是化学化工学院的，大家也有很多话题可以聊。我是生态环境教育小分队的一员，我的另外两个小伙伴都特别有心，在寝室里我们相互提醒写日记，早上她们总是准时起来，而我总是被"人工闹钟"叫醒的那一个。走出寝室整理当天工作的时候，大家分工明确，真的在那个团队里，我感受到了队友的团结和互帮互助的快乐。

在此之前，我也热衷于各种公益活动、志愿者活动，不论是线上还是线下，但是那一次是我第一次和那么多同伴们一起参加、活动时间最长的活动。活动不是一时半会儿，也不是做独行侠单独行动，而是一个"家"，因为有缘我们才会在一个地方相遇，因为有一颗火热的热爱环境、热爱志愿的心，我们才会相遇天宫。

作为生态环境教育小分队的一员，为了能给小朋友们带去丰富多彩的课堂，我需要收集当地常见的生物以及常见的部分国家级保护动物信息，充分认识它们才可以给小朋友们科普。需要准备简单却又不失趣味的PPT，在开讲之前，得充分熟悉内容。虽然是师范生，平日里也有过讲课的经验，可那次却隐隐有些压力。在通知小朋友们到教室的前一个小时，我的两个小伙伴在下面听我讲，在给小朋友们准备自制的环保科普手册、小小的可爱的笔记本……直到有了一个小朋友走进教室，我们像朋友一样闲聊着，渐渐地越来越多小朋友们走进教室，快到了课堂开讲时间，看着一张张稚嫩的小脸，忽然间紧张感早已消失不见。

没想到那次课堂的讲解有出人意料的效果，从一开始尝试调动孩子们的积极性，到她们积极参与、热烈讨论、踊跃发言，再到我的意犹未尽……课后和小朋友们交流各自的感受，我很开心我能把自己的所知所学分享给那些孩子们。她们开心能有机会了解学校里老师教的知识以外的知识，还可以和大学生哥哥姐姐了解更多，而且她们的求知欲也鼓励着我继续努力，让知识发挥它真正的作用，那就是让更多人知道，应用于实际生活、实践于行动上，而不是一成不变的文字或者口头语言。

感谢那次的缘分，我体会到了之前没有过的团队的力量，那么温暖，那么真切，我深刻体会到了"出于心，寓于行"的含义。

在那七天里，除了收获了友谊、有趣的小伙伴、暖心可爱的小队长，还有"小公主"和"国王"，有教我拔剑、收剑的小伙伴，有生态笔记小伙伴带回的"香蒲"，还有独角仙……

有和我们小分队一起的小志愿者佳佳，我最近还和小分队的同伴在闲聊她笑起来特漂亮，可是最后那天，我们分别了。她哭了，和我说希望我们以后还能相见。我想，我们一定还会再相见的，这是我们的约定，我们四人，以后都要好好的。

那七天里，我从最初的"参加这个活动是为了让假期充实、有意义"到结束时主观能动性上的一些提升，从最初的参与收获到了更多。我永远记得唐老师送给我们的八个字——参与、组织、领导、改变。也感谢陪伴我们的唐老师、李友平老师，让我看到了平时不曾看到的老师的另一面。

我和我的小伙伴们，我们都要加油，未来可期！

44

一年一度，只为与你相遇

西华师范大学环境科学与工程学院　赖欣玥

　　夏天是一个变脸的季节，这也让我们的社会实践有了更多的不确定天气因素，也给我们不一样的体验！它时而"哭"，时而"笑"。一会儿晴空万里，碧空如洗，天高云淡，骄阳似火；一会儿天低云暗，乌云密布，狂风怒吼；一会儿天公大发雷霆，电闪雷鸣；一会儿瓢泼大雨，倾盆滂沱；一会儿潇潇雨歇。夏天就如同孩子的脸一般，没有征兆地变换着。

　　夏天是一个突飞猛进的季节。不仅仅是我们每一个志愿者在那短短一周里面的成长，一切都在肆无忌惮地疯长，尤其是那夏天的绿色，又浓又深，霸占得漫山遍野，虽然是映衬着花朵，但事实上却是绿肥红瘦。雨后春笋一夜间冒出大地，竹子快速成长，关节胀得直响，原上芳草萋萋离离，林间参天大树又增加了一圈年轮。

夏天是一个燃烧的季节，我们每一个志愿者也在燃烧着我们的热情。核聚变的火球烈日中天，狗吐着舌头，蝉烦躁地鸣叫，柏油马路被晒得软软的，鱼浮出水面换气。池塘中盛开的出水芙蓉像一个个燃烧的奥运火炬，有的含苞待放，小荷才露尖尖角，正有蜻蜓立上头。

初来乍到

7月14日，阳光眷顾，我们整装待发。八点，大梯子下，一段简短的叮嘱后，为表决心，我们不惧烈日炎炎，拍摄了青春活力满满的出征视频。带着期待与憧憬，阆中市天宫乡，我们来了！

经过一个多小时的车程，我们到了。当我走下车的那一眼，我充满了好奇——这就是我们未来七天的大本营，在这里我们可以做出些什么？我们又会收获什么呢？我想接下来的一段时间一定会是美好且值得怀念的。大家纷纷提着行李箱走了进去，环绕四周，那所学校是一个古色古香的地方，而我对有着文化底蕴的地方又有着莫名的喜欢，我开始期待着未来的七天！

午饭之后，我们该做正事了。第二天就将是我们的开幕式，是向天宫乡的村民们隆重介绍我们的时候——我们来了，我们带着环保知识来了！开幕式马虎不得，大家都在紧锣密鼓地准备着，每个小分队分工明确，我们都在以自己的力量为我们的"大家庭"努力着。我们很多人都是第一次相处协作，可我们没有缓冲期，我们每一个人都合作愉快！那种奇妙的感觉，让我很难忘。我有幸作为节目负责人，带领着大家排练节目，在短短的几天里排练出了一个舞蹈节目，我想这和我们都想要将这件事情做好的共同目标分不开，即使刚开始大家并不熟悉，无论是动作还是平时的接触，可是我们很快凝聚到了一起。那是一种美好而又特别的感觉——团结感。

7月15日，雨声滴滴答答落在瓦片上，那天是我们的开幕式呀！因为天气的原因，我们准备了备选方案——室内开幕式，但不到最后一刻，我们不会放弃室外，一切都在有序地进行中。九点一刻，我们的开幕式开始了。大家在舞台上展现的不仅仅是我们的节目，更是我们的热情与信心！虽然还是有些许遗憾，可是当完成的那一瞬间，我心里那种成就感是真的让我难以忘怀！

晚上躺在床上，回想起几天为开幕式的努力，就十分欣慰。心里的喜悦也是难掩，激动到有些失眠，最终带着期待入眠了！初来乍到，一切都是美好的开始！

再接再厉

7月16日，又是雨水充沛的一天，而我们也要开始小分队活动啦！

伴着小雨，我们出发了！目的地——天林乡"农耕文化博物馆"。当我们到达农博馆，"物體稼觀"四个字映入眼帘，让我感受到了浓浓的年代感。往里走去，传统的农耕工具、生活用品和民间艺术品呈现在眼前。最让我印象深刻的是里面还有皮影戏的皮影，还有川剧的脸谱，还有腰鼓，这些都反映的是以前农民们的业余快乐生活，都是他们的生活趣味。在其中一个小房间里有一位当地的书画大师，写得一手好字，也画得一手好画，还跟我们分享了许多他写的好字，并为我们讲解了"禮"，让我们受益匪浅！还有一间小房子里面是新房，是以前居住在当地的居民婚房的布置，还有一个大花轿，与我印象中的大花轿有些许不一样，看起来矮矮的。

农博馆里面有特别多值得大家一起看的，都是一些很有年代感的老物件，能够让我们了解到以前农民们的生产生活方式，十分有意义。我们也有了一个好的想法，想要将这些传统的农业文化传承下去！

在接下来的几天，我们都继续着我们的工作，并带着其他两个小分队参观了农博馆，和另一支队伍进行了交流。在当地小朋友们的掌声中，我们带领的小朋友们所排演的话剧成功演出。那是一个呼吁人与动物和谐相处的话剧，它给小朋友们带去的不仅仅是观看过程中的快乐感，更是呼吁小朋友们要与周围一切有生命的生物和谐共处，我们都是大自然的一员，我们都是一家人。

你好，再见

7 月 20 日，是实践活动的最后一天了！在闭幕式上，我们表演了最后的节目，带着喜悦与不舍，结束了七天的任务。很开心那次的机会，让我们 24 个人相聚在一起。虽然只有短短的七天，可是那七天给我的感觉和回忆却是难忘的。在天宫乡经历的一切，我都感恩遇见。那真的是一次很奇妙的遇见，我遇见了那么多优秀的队友，遇见了优秀的老师，遇见了淳朴的天宫乡村民，每一次相遇都值得感恩！那次的社会实践是我的第一次，带给我的意义很重大，给我打开了另一个新世界的大门，在我的人生中留下了一段深刻而美好的记忆。那是我的第一次社会实践，但我想应该不会是我的最后一次。迈出了第一步，我以后可能会更加坚定地迈出第二步、第三步了！一年一度，只为与你相遇！

天宫，你好！天宫，再见！

45

七月的约定——天宫

西华师范大学化学化工学院　陈诗颖

　　迎着晨曦的第一缕阳光，打包收拾好行李，轻装上阵，我们即将开始一段全新的"旅程"。出发——为期一周的阆中市天宫乡"大学生在行动环保科普活动"开始了！

　　到了，到了。我们的驻地阆中市天宫乡中心学校是一古色古香的四合院建筑。天宫乡中心学校是九年一贯制的中小学，小小学堂承载着多少孩子走出去的梦想。

初见天宫

天宫乡中心学校算是建设比较好的中心校了，有统一规划的教室、安放整齐的桌椅、教室里配备的多媒体、干净的塑胶跑道……但是在最开始到的一晚还是不怎么习惯，破旧的寝室、简易的床板、扎人的棕垫，没有晾衣绳，没有灯的厕所，只有一个热水器烧的水供团队26个人洗澡，寝室没有插座和开关。一入住学校，便受到中心学校何正胜校长的热情招待，何校长、李友平老师、唐娅老师和我们共吃大锅饭，"同学们，这里管饱，你们不够吃尽管说，但不要浪费哟。"食堂的叔叔阿姨非常好，中午两荤三素管饱。早上的馒头稀饭，配着素炒茄子、酥花生米、泡菜、鸡蛋，阿姨将所有配菜都给了我们，她们就着泡菜吃着剩馒头，晚上的面条也是先给我们管够，阿姨们再吃剩下的。虽然没有家里做的好吃，但那一周，我每天最期盼的便是开饭——是劳累后的酬劳。

难忘的那些故事

我不会忘记那次在小雨中的开幕式，仓促的彩排，紧张的准备。我亦不会忘记刘利才副书记的看望与嘱托，临行时的闭幕式，我们的手语舞《爱》，孩子们和志愿者共同的话剧表演，以及最后的大合唱《让中国更美丽》。短短的七天里，或许我们无法给当地真正贡献什么，但在2019年的那个凉爽的七月，有一群大学生，他们到了天宫乡，他们走上了街道、走进了村民的家中、走进了乡广播站、走进了农耕博物馆，他们在宣传着环保、调查着天宫乡的"三个革命"……

每天下午集中办公，完成个人日记、团队日记、新闻稿，不知不觉中时光在流淌。唐老师和李老师的陪伴和鼓励让每天单调的写稿生活不再枯燥。傍晚的散步又是大家增进友谊的时刻，幽默风趣的李老师和知识渊博的唐老师也一路同行。

那些路上的风景

我们小分队的主要任务是下乡进村开展环保科普宣传。活动的那一周，天宫乡都浸泡在七月绵绵的雨水中，潺潺霏霏。沿途的风景让调研不再孤单，道路两旁种满了百日菊，在雨水的浸润下格外娇艳欲滴，远山被迷雾环绕，宛如人间仙境，不同的山包各有不同的形态。踏上轻松的调研路，正可谓"久在樊笼里，复得返自然。"成片规划的农业园，成片的柑橘种植基地、散养果园鸡、生态鱼塘……生活在城市中的我很少看见这样的自然风景，调研途中有笔挺的玉米棒、各式各样的农家瓜果、池塘边嬉戏的大白鹅，沿着山路蜿蜒前行，耳边是山泉叮咚，露珠沾湿了额头。

雨水浸湿了我们的鞋袜，在那个阴雨绵绵的七月，家家户户门窗紧闭，沉浸在舒适的梦乡里，但熟悉地形的向导妹妹、热心的副食店老板让旅途不再艰难。虽然街道上人迹罕至，只有少数的商店半掩着大门，凉爽的天气让人有了倦意，蜷曲在舒适的被窝里看着电视，但当我们在悠长的雨巷中徘徊，叩开那一扇扇半掩的门后，是一副副热心的面孔。

从天宫院村街道到深入天宫院村 4 队西河塘村，我们用脚步丈量着天宫乡，虽然我们的力量很薄弱，辐射面也较小，但真正从书本中走出去，去体验沿途居民的淳朴与热情。在我们离开天宫乡的时候，他们知道有一群大学生曾经去过，而且在那片美丽的土地上留下了美好的足迹。

再别天宫

回想短短那七天，我们小分队在一起的点滴，活泼的"肠粉"（长芬——一个很可爱的女孩子），知心姐姐陈兰，还有那个天天吵着要吃冰糕的"佩琪"（每次下乡都和腿短的我走在最后的小可爱）。真的是特别的缘分，让不同学院的我们遇见，我们一同在雨天出行，踏着泥泞行进，欢声与笑语、工作与担当，环境与健康小分队永远在一起！

没有多少人的闭幕式在每个小分队准备的节目中有序进行着，感触最深的是学校派给我们的那八位向导小朋友。她们和我们共处了七天，那七天里，她们和我们同吃同住，带领我们走进天宫乡，和我们一起排练节目，走进我们为她们精心准备的环保课堂。临别总是太匆匆，在闭幕式上，我们为她们精心准备了奖状和小礼品，许多孩子和带领他们的大学生哥哥姐姐互相拥抱，泪水在每个人的眼眶中打转。陪伴和欢笑是有限的，或许我们不会再到一个叫天宫乡中心学校的地方，但我衷心希望那里的孩子们都能好好学习，争取走出大山，去拥抱外面更加美丽的世界。

临行前一晚，吃过食堂阿姨为我们精心准备的晚餐，举起酒杯互道离别，开完了最难忘的总结会，每个人都在和天宫乡做着最深情的道别，将寝室恢复到去时的模样，啃着冰镇过的大西瓜，踏上归途的大巴。

感谢相遇，那七天算是圆满结束了。短短的七天让我印象深刻，体验了农村生活的点滴，也走向广袤农村去感受风土人情，一起相处的日子里我又认识了许多新的小伙伴。或许以后我不会再到天宫乡，再也见不到天宫乡那些可爱的人们，但那段生活经历将是我那个假期中最美好的回忆。

我想，我还是会想念，会怀恋，在那个不太炎热的七月，有那样一个美丽的地方，有那样一群小伙伴，有那样一次"三下乡"环保科普活动，有那样一群可爱的小孩，遇见的那些可爱的人，那里的一切……从那天开始，都将成为过去。各自别过，自难忘，愿珍重，来日可期，天宫，再见！

(46)

绿色科普小分队的故事

西华师范大学环境科学与工程学院　李敏

那次暑期实践活动中，我是绿色科普小分队的一员。我们小分队的活动主要是绿色广播之声，希望通过绿色广播的渠道为当地居民科普环保知识，可以将保护环境的小种子埋在当地小朋友的心里。通过让当地的小朋友和居民自己当广播员，将广播推广给大家，让大家可以增加一种传播环保理念的方式。

第一天，广播员是我们的两个志愿者，为我们的绿色广播开头。第二天，我们则是在当地寻找到三个小朋友进行分享，希望他们能够感受绿色广播传播环保理念的方式。第三天，我们找了当地的居民代表讲话，想要让不同年龄段的人都感受绿色广播的方式，可以在我们离开以后继续推广广播，继续环保意识的宣传。

在我们的团队工作中，我主要负责视频剪辑，我很高兴随着时间的流逝，我的视频剪辑技术也不断地进步，最后一天的视频同第一天的相比，我可以自豪地说进步很大，我很庆幸自己的成长。除了视频剪辑，我还负责小分队工作，也会写新闻稿，在大家的互帮互助下，无论是哪个方面，我都有所进步，尽管可能不明显，但是确实存在，所以我很感谢一起工作的小伙伴。

除了感谢与自己同吃同住的工作伙伴以外，很感谢配合我们工作的天宫乡的所有人，不论是广播还是去做调查，当地的干部和居民们都很积极地配合我们的工作，积极回答我们的问题，也热情地同我们分享我们想要了解的事情。当地的学校还因为我们不了解当地的地形而特地给我们找了当地的 8 个小朋友做我们的小助手，带我们出去活动。所以我想再一次衷心感谢天宫乡的父老乡亲们。

在那次活动中，我有所得，但是确实也发现了自己很多没做好的地方。在最开始设计活动的时候，就一直没有确定自己的主题，想要做很多东西，没找到一个重点，导致即将开始活动时，出现了临时更改活动的情况，很多的活动都完全被颠覆。而在宣传方面，我也做得不好，没有提前掌握投稿的技能，等到要投稿的时候自己很迷茫；在宣传的力度方面，我们小分队做得也确实不够好。

不论得还是失，我都有所得，感谢那次的暑期环保科普实践活动！让我再一次认识自己，感谢自己的选择，给了自己一个机会去学习进步。我也很荣幸能够参加那次活动，希望未来有更多的同学们可以参加，在大家的努力下，将我们的社会建设得更好。

在天宫乡的日子里，我经历了很多，收获很多。活动结束之后，我开始梳理，发现自己成长了很多。我们开展绿色广播之声，通过广播将环保意识传播给大家，通过对《公民生态环境行为规范（试行）》进行解读，希望大家能了解并掌握，也希望将保护环境的理念传递给大家。通过招募小朋友、当地居民作为广播员进行广播，希望将广播宣传的方式在大家的日常生活中保留下来，成为当地一种特色的科普方式。通过开展绿色广播之声，我们也对广播的要求有所了解，并且学习写广播稿、学习去播音。除了开展绿色广播之声，我们还举办了一次环保小话剧。在排练的过程中，我们也学着怎么样去排戏，教小演员们怎么表现动作，怎么绘声绘色讲出台词，这一系列的活动都让我们自身的能力有了一定的提高。

在绿色广播结束以后，我们还对当地居民进行走访，了解大家对绿色广播这种方式的认可情况，讨论其适用性，进行适宜的改变。通过实践，通过自己的调查了解、耳濡目染，特别是与广大当地人民接触中，了解了大家对绿色广播的态度以及建议，并将其调整为更加有效的科普方法。

除了在活动组织方面的能力有所提高以外，我们还面临着突发问题，比如下雨，比如预备方案的制定等，这些无不锻炼着我们的能力。在那七天的活动中，我们与带队的老师以及团队的小伙伴进行了深入的交流与沟通，从而全方面地接受别人的好的想法与意见，学着从另一种角度去理解和解决问题。

除了能力的提高以外，我们还在那几天的志愿者活动中收获了许许多多的友谊，大家一起早出晚归，大家一起搬桌子，大家一起冒雨出行，大家一起吃饭，大家一起改文件、投新闻稿。许许多多的事情都是我们在一起做的，开心的或伤心的回忆，都是属于我们大家彼此的。

这就是我在志愿者服务中的收获。所以我希望在以后有志愿者活动的时候，都能出现我的身影，我会尽自己最大的努力去帮助那些需要帮助的人。送人玫瑰，手留余香，在帮助别人的同时自己真的能够有一种幸福的感觉，虽然没有报酬，也许很累，但是享受到的快乐却是什么都换不来的。

　　青年志愿者活动的开展增强了我们的实践能力和创造能力，实质上反映了当代青年助人为乐、甘愿奉献的时代风貌和精神风貌。所以，在此我建议大家多多参加"大学生在行动环保科普活动"，让自己融入这个社会，多多锻炼自己，让自己成长。

(47)

环保新风过境氤氲天宫

西华师范大学环境科学与工程学院　刘漫琦

七月的风，八月的雨，终于我见到了神秘的你——你好，天宫。

山水相依、薄雾缭绕的鱼米之乡，我将在接下来的一周中揭开你神秘的面纱。

一路上大巴车充满着欢声笑语。在抵达天宫乡后的第二天，我们举行了隆重的开幕式，并有幸邀请到四川省环境科学学会、西华师范大学环境科学与工程学院、阆中市教育局、阆中市环保局、天宫乡及中心学校领导参加。父老乡亲们十分热情，按时赶去观看同学们的表演。仪式结束后，天宫之行正式拉开了序幕。

我是环境与健康小分队的一员，我们的目标是"保护环境，爱护家园"。在队长"长芬"的积极带领下，队员们活动热情高涨，小分队内的工作也有条不紊地进行着。我们小分队主要对天宫乡的居民进行走访、开展问卷调查和环保科普，活动范围遍及全乡，活动时间为每日上午。

初见天宫，一幅笼罩在蒙蒙薄雾中的画卷展开在眼前，连空气都带着清甜。街上建筑十分统一完善，罗盘广场也十分有特色，周围景点众多。尽管是一个小小的乡村，但能够看出政府的各种宣传工作做得十分到位。每隔一段距离便有横幅标语、二十四字社会主义核心价值观等时刻提醒着群众。

我们对天宫乡居民进行了走访并开展了环境与健康相关问题的问卷调查。在家的多数为老年人，都十分友善慈祥，志愿者们一一为他们耐心进行讲解，甚至与老人们聊起了家常。一位七十多岁的老爷爷还拉着志愿者的手，激动地说："前几年政府投入打造，我们这的环境可好了。街道每天都打扫得干干净净，现在家家都用的天然气、装的抽油烟机，村里还建有垃圾站，山清水秀，绿水长流，我们的人均寿命也提高了。"

走访过程中，我们对偶遇的西河塘村张书记以及西河塘村党员家庭里的一位老人和另一位居民也进行了采访，了解了当地的环境治理情况与还需进行改进的问题等。老人指出，天宫乡已经成为一个成熟的4A级旅游景区，当然会有游客的到访，所以各景点之间应多修建公共厕所，方便游客们的出行。张书记指出，乡民们都很支持西塘村的"厕所革命"，但最大的问题是经费，只要经费到位，运转起来还是很快的。关于环境卫生方面，村里有专人清扫，并设立了18座垃圾池，河道整治方面也有专人巡逻等。

小分队于7月18日下午与生态环境教育小分队合作，向当地跟队学习的8位小朋友进行了垃圾分类有关知识的普及，开展了一个大约40分钟的小课堂。小朋友们都听得津津有味，在课后练习垃圾分类时，完成得特别棒。小课堂结束后，环境与健康小分队、生态环境教育小分队与小朋友们进行了"闻声辨物"小游戏。在听到每个动物不同叫声的音频后猜究竟是哪种动物，让小朋友们在放松玩乐的同时意识到应多关爱身边的小动物。恰恰与那次"三下乡"活动的主题"保护生物多样性"相呼应。那次活动中，我们不仅收获了新知识，也收获了不少小朋友的欢声笑语。

当行程进行至七分之七时，终于迎来了久违的艳阳天，经过滂沱大雨冲刷后的天宫乡格外明亮清新。但天下没有不散的筵席，时间匆匆就飞奔到了说离别的那一刻。闭幕式尾声时，一首《让中国更美丽》使大家手拉手、心连心，唱出 24 位队员始终团结一心、众志成城的豪迈与心中深深的不舍。初见天宫时的激动与好奇都还盘绕在心头，就要与那个让人留恋的地方说再见了。几天前副食店阿姨的笑脸，爷爷奶奶温暖慈祥的面孔，与小朋友们一起学习、游戏的欢声笑语，天宫乡的一草一木，临别前一晚丰盛的晚餐，冰镇的西瓜，送行的美酒……无一不让我们感受着天宫乡乡民们的淳朴与热情好客。我想我还是会怀念那一个美丽的地方，那一群可爱的小伙伴。

据调查，那次"大学生在行动环保科普活动"中，共走访 500 多名村民，完成调查问卷 300 余份，发放宣传手册、环保科普资料 1 500 余份，通过走访、发放问卷、中小学生跟队学习、环保课堂、舞蹈、绘画、广播、监测等形式开展环保科普，引起社会极大反响。西华师范大学 2019 年"大学生在行动环保科普活动"微博话题量突破 13 万人次！

许多东西并非一蹴而就，而是在潜移默化中融进我的生活。现如今每一位国民都见证着国家的迅猛发展。习近平生态文明思想深入人心，"我们既要绿水青山，也要金山银山。宁要绿水青山，不要金山银山。绿水青山就是金山银山"的绿色发展观广为流传。

短暂的七天相处从细碎中逃走，但我们的情谊还在延续……很多美好的回忆都是他们给的，各种各样的经历交织在一起酿成了一滴滴蜜，滋润在每一个人的心田。队员之间好比兄弟姐妹，我们永远都是一家人！此程不悔，愿大家一切安好。

没有别离，人生就无所附丽。生命是有光的。在我熄灭以前，能够照亮你一点，就是我所有能做的了。

天宫，再见。

▶▶▶　中小学生携手

(48)

环保，在路上

营山县希望初级中学校　郑翔文

在参加一些环保活动之前，我对环保的了解仅仅浮于表面。环保，不就是环境保护吗？

但后来，我明白了一个道理：人类社会的发展，一定会对环境造成影响，这影响有好有坏，那么，如何让经济发展和环境保护和谐友好，就需要科学现实的环保理念、可持续发展的思想。

有一次参加学校组织的环保活动，令我记忆犹新。

2016 年，我参加了"大学生志愿者千乡万村环保科普行动"活动，进行了一项检测——水质检测。那天，阳光普照，我和一个大姐姐在水塘边进行水质检测，我们取了一个样品就回去了。样品采集完毕，接下来就该进行检测了，只见那个大姐姐拿出了一支检测笔，是用来测量水的 pH 值的。后来我也从网站上了解到，水质检测笔又称为 TDS 测试笔，是根据水的导电率来计算水中的溶解物的多少。只见她将电极盖取下，将水质检测笔放入样品中，显示器上一阵闪烁，一会儿结果就出来了，水质虽处于可饮用的范围，但依旧令人担忧——它离限值仅有一步之遥。随后我们走访村民，提醒他们要注意保护环境。

那次活动之后，我们学校创建"3R 环保银行"，在全校掀起了垃圾分类的热潮——可以拿分类好的塑料瓶和废纸去换积分，再用积分换奖品。同学们都十分有干劲，就拿我们班来说吧，不光是值日的同学会在扫地时主动将垃圾分类放好，再由劳动委员统一搬下去换积分；班上的其他同学，手头有符合回收标准的垃圾时，也会自觉地将其放入分类区。现如今，"3R环保银行"已正式开业两年多了，它帮助我们每一位同学养成了垃圾分类的好习惯。

不仅如此，假期中，我在各大公园玩耍时，发现垃圾后也会主动将其捡起放入垃圾箱中。在一次出游时，我偶然撞见有人从车窗里丢垃圾而环卫工人冒着被车撞的风险去清理马路上的垃圾，我心中有些忿忿不平，于是有感而发，写了一篇名为《车窗垃圾》的文章，想要借此来号召更多人践行环保。很幸运的是，我的文章在《环境教育》（2018年第7期）发表了。

也许，对环保这棵大树而言，我所做的努力显得微不足道，但我会一直走下去，尽我的绵薄之力为环保作出我的贡献。

环保，必须在路上；环保，已经在路上；环保，永远在路上。

49

"千乡万村环保科普行动"活动

营山县希望初级中学校　陈欣

随着时光的推移，我国科技在不断地发展进步。但是，环境却急剧恶化。如今，环保已成为一个热门话题。2016年7月初，西华师范大学"大学生志愿者千乡万村环保科普行动"在营山县城南二小隆重举行。活动随着各位领导的发言拉开了帷幕。那次活动的主题是"守住绿水青山，留住金山银山"！

首先，环境教育小分队在我校开展了环保科普知识讲堂。大哥哥大姐姐们采用有奖问答的方式让同学提高自己的环保意识以及了解有关的环保问题。虽然有许多的人也在听课，但同学们不但不害怕，反而更勇敢了，个个积极发言，整个课堂其乐融融！7月11日，有你有我小分队携手营山县徒步协会、摄影协会开展了徒步活动。希望可以通过绿色低碳且环保的活动，呼吁大家积极关注并参与环保活动，倡导绿色简约生活！

在第二天，活动继续开展，青山绿水小分队在城南镇文峰村等几个村针对正在修整的河道，还有美丽的云雾山、太蓬山等景点，对营山县的地方特点开展一系列的宣传活动。对河流开展"爱护母亲河"的环保知识讲座，组织志愿者及广大村民清理河两岸的垃圾，张贴"爱护母亲河"标语，呼吁大家保护河流、守护绿水青山。

随后的两天中，生态农业小分队联合营山县城南镇农业服务中心、优质水稻种植企业开展宣传活动。同时加强企业周边村民的环境保护宣传教育，增强人民群众的环境意识，鼓励村民们勇于检举和揭发各种违反环境保护法律法规的行为。而节能小分队则以志愿者走访村民的形式调研农户家里用电及灯泡的种类，赠送绿色节能灯泡。节能环保从灯开始，希望通过大家使用节能灯泡，切身体会，了解到节能环保的必要性和可行性。

最后一天，"小手牵大手"，孩子们通过自己的语言和行动影响大人，用自己的实际行动为美好环境的创建作出贡献。美丽家园宣传小分队组织留守儿童、村民和大学生志愿者开展环保宣传成果文艺汇演，内容包括环保时装秀、舞台剧、小品、舞蹈、朗诵、歌曲、魔术表演等。

那一次环保活动，使我印象十分深刻，让我明白了环保的重要性，也让我想要开始保护环境，创造一个美好的家园！

营山县希望初级中学校　黄若萍

50

绿水青山，最爱营山

在我四年级的暑假，学校组织了一次关于环保的活动。活动内容是西华师范大学的哥哥姐姐们带领我们参加"大学生志愿者千乡万村环保科普行动"。他们首先给我们讲了环保的重要性，还带领我们到了城南镇的火烽村开展实践活动，我们走乡串户宣传环保知识，沿途拾捡生活垃圾，实践垃圾分类。我们冒着酷暑，热得满头大汗地收捡，效果还是不明显。我想，单靠我们的力量是有限的，应该要多学习环保知识，告诉更多的人加入环保队伍。几天活动下来，我收获多多，还获得了"优秀志愿者家庭"称号！

学习的时间总是过得很快，转眼几年过去了，环保的意识已经在我心中根深蒂固了。我惊喜地发现周围因为环保而变得更加美好了。记得以前，每次放假回爷爷家，乡下的田间地头到处都是丢弃的生活垃圾、塑料袋，小河里乌黑的水上漂着白色泡沫、动物尸体……夏天蚊蝇到处飞。看到这些，我就不愿回去，为这事被妈妈批评了好多次。我们的县城也是一样的，因为城市建设，少不了要修路造桥、建高楼大厦，工地的灰尘、噪声让人深恶痛绝，又无可奈何，真的是晴天出去一身灰、下雨回来一身泥！而如今，因为环保的持续推动，乡下爷爷家门前公路干干净净，各乡各村都有环卫工人打扫，生活垃圾统一地方收纳清理，小河又清澈见底了，山里、地里都是绿油油的。

　　再说我们的周围吧，虽然还是修路建房，但是却没有了灰尘，原来工地除了围墙施工，还在围墙上加了一个像喷泉一样的装置，喷出的水雾让灰尘不再嚣张，大街小巷干干净净的。就连裸露在外面的土，包括树根下都放了网状的保护膜，让泥土不到处跑。经过这一系列的处理，我们的家乡更加美丽了，真正打造成了一个宜居的城市，引来了全国各地的朋友旅游。特别是上了中央电视台的《乡村大世界》，让更多人了解了我们的家乡营山！

　　我相信，只要我们科学发展、环保生活，我们的家乡会越来越美丽！

51

种子的心

营山县希望初级中学校　廖焓伶

　　记得在以前经历的事情中，我也参加过几次环保行动，后来我反省了自己所做的一切，改正了自己乱扔垃圾的坏习惯。我记得2016年由学校协助开展的一次"大学生志愿者千乡万村环保科普行动"，开启了我接触环境教育、深化环境教育的历程。

　　在我们出发之前，李仁强校长讲了近一小时的话，我记不太清楚内容了。但我却记得清清楚楚自己的一举一动，记得当时烈日炎炎，很多人都哀怨："好热呀！"我也是其中一员，不仅很热，而且心中也很郁闷烦躁，甚至有些后悔自己为什么要参加这个活动，待在家里不好吗？本来我听校长前面的讲话时还挺认真，越到后面就越没有心情听下去了，便和同学聊天、分享零食。就在我和同学玩得开心的时候，老师过来拍了拍我和同学的肩膀，一脸严肃地说："你们要是后悔了，参加完开幕式就可以坐车回去。"我心里更加不开心了，越来越嫌弃这个活动了。心里想，不就是个小小的活动吗？有什么了不起。转瞬间，我又想，既然学校花这么大力气来做这件事，就一定有很重要的意义在里面，学校的领导和老师绝不会让同学们白费力气的。于是，我耐着性子，跟着队伍向着山村出发了！

　　天啦，那里的环境远远超出了我们的预想，一位环保志愿者说："原来这里是山清水秀的，空气也很好，却被人们污染了。看吧，这儿到处都是垃圾，小河也不像以前那么清澈了，我们走一处便捡起一处的垃圾，这里的垃圾好脏呀！"我根本不愿意碰，只有在一旁应付着，走在旁边的环保志愿者似乎察觉到了，便让我拎垃圾袋。唉！怎么办呀？只有拎着呗，于是他们走一路捡一路，我就拎了一路的垃圾袋。但我们终于把一条路上的垃圾全捡完了，看着一条干净的小路，不知怎么心里流出一点点的自豪，特别开心。

后来我们到了一个小学里，里面有许多的教室。大学生环保志愿者给我们介绍了一幅幅的照片，那真是惨不忍睹，成群的鱼儿死在河里、漂在水面，还有无数的垃圾……看了之后，不知怎么的，我感觉特别震惊和愧疚。"是谁污染了环境？是谁发现了问题？该谁来为污染买单？"环保志愿者们问我们收获到了什么，我什么也没有说，只是有了要为环境保护做点事情的想法，"我虽改变不了很多，但至少不能再增加环境保护的负担"——这个想法一点点地在心中积淀。

在回家的路上我想了很多，也回忆起了自己以前是多么地不爱护环境、随处乱扔垃圾。我想起了柯蓝在《种子》中有这样一段话："你这颗要美化世界的心，就是美化生活的种子，只要你是在辛勤地栽培，不断地为它付出劳动，它将来就会花开满树。"我相信以后的人们都会有一颗美化生活的种子、爱护环境的心。加油，我们一起爱护环境，只要我们一人出一份力，我相信这个世界一定会越来越美好！

52

相信自己

阆中市天宫乡中心学校　邓颖颖

2019年7月15日到20日是十分特别的日子，因为我是在校园中度过的。在那一周里，西华师范大学的大学生志愿者哥哥姐姐们，到我们学校开展了一次"大学生在行动环保科普活动"。本来因为被占用了个人时间，我觉得很不开心，却没想到那周带给我比平时更多的快乐。抱着一种积极尝试和学习的心态，努力投身于那次活动中，我感受了大自然的和谐之美，也学到了如何与别人交流。我很开心地度过了那一周。也许成长就是一瞬间，而那周我觉得自己就已经成长了，那就是要有勇气和坚持不懈的精神。

那周我学到了许多老师以前从没有讲过的知识，是关于这个地球的环境和地球上的一草一木。"一花一世界，一叶一菩提"。世界上的每一种植物都有自己的生命，我们应该用心爱护我们的花草树木，以保护这个属于我们大家的乐园——地球。

最初，我参与的是环境与健康小分队，我们的主要任务就是让人们了解污染对环境和健康有什么影响。刚开始看着那些哥哥姐姐和人们交流的时候，自己就在旁边看着，认真学习哥哥姐姐的做法。等到后来姐姐让我去做，我开始有点儿紧张、有点儿胆怯。我看着他们，伴随着姐姐们的鼓励，我鼓起勇气去尝试了一下，参照着我看到的志愿者哥哥姐姐的样子，尝试与普及对象进行交流，试着让他们听懂、理解我所想传达的环保知识。

在这个过程中，我也学到了关于垃圾污染的严重性。于是也想要传播正确的环保知识使人们对垃圾污染有正确的认识，了解如何减少垃圾污染。除此之外，我还学习到了关于垃圾分类的知识，了解到了什么是一氧化碳、它的产生途径及危害有哪些等相关的环保知识，还有就是关于环境污染和健康的关系。志愿者哥哥姐姐们告诉我，不要认为垃圾处理是一件小事，要从今天开始，保护环境要从自身做起。

那天下午，我还去广播站为大家宣传环保，主题是节约资源。虽然有点紧张，但我还是去尝试了一下。抱着学习的心态，不管读得好不好，我还是勇敢地站了上去，为大家读出了大家应该了解的节约资源的知识。虽然每天都很辛苦，但是我还是坚持了下来，也许这就是渴望对世界的认知吧。

除去参加环境与健康小分队，我还去了其他小分队。由于我画画技术不好，没有绘画天赋，开始还有些紧张，担心会被嘲笑，可是在姐姐的鼓励下，我仿佛开发出了一个新的技能，开辟出了一个更广阔的天地。我们观察了许多我们经常见到却不起眼的草木，把它们的结构画了下来。我们边听姐姐给我们讲它们的特点、结构，边做笔记。其实这样做，你会发现这样一棵小草会有这样顽强的生命、这样大的作用，让我们对这个世界充满了好奇和疑问。这更告诉了我，要努力保护这个美丽的地球。

那一次的活动，让我收获了勇气、自信、知识和怎样与人交流。感谢那些志愿者哥哥姐姐们，我以后一定会好好学习、探索世界、保护地球。最后再对自己说一句："加油，要相信自己！"

53

进　步

阆中市天宫乡中心学校　邓玥

　　暑假的社会实践活动已经结束了，可带给我的影响却远远没有结束。那次活动让我走出课堂、走出校园、走向社会实践、了解生活百态。我们在实践中锻炼自己、检验自己、增长才干、磨砺意志。一周的环保科普社会实践虽然短暂，却也辛苦，虽然乏味，但也流露着甘甜，让我们受益匪浅。

　　一周的时间里，我们去了农耕博物馆实地学习，学习了农业的发展史，更了解到了农民伯伯的辛苦。我们认识到了"锄禾日当午，汗滴禾下土"并非虚言，我们也更应做到"一粥一饭当思来之不易"。一周的时间里，我和同学们做游戏，和来自西华师范大学的二十几名志愿者哥哥姐姐们一起表演节目、一起做问卷调查、一起学习。还记得有一天，天下着大雨，裤子和鞋都湿了，脚趾也起泡了，我也曾抱怨，也曾不解，但还是坚持下来了，也正是这份坚持，让我很有收获。

　　那次暑假社会实践活动的主题是环保。虽然时间不长，但事情也不少，其中让我印象深刻的事也不少。我们是社会实践，免不了在群众中去调查，需要每人拿一些调查问卷，在路上做实际调查，还要统计数据、整理数据，这些就让我忙活了好久。起初我还不敢，觉得尴尬，是一个姐姐带着我一起、给我壮胆，我才慢慢放开自己，开始尝试自己行动，去尝试一些大胆的事。这份记忆将会在我们的人生旅途中刻下厚重的一笔——因为那个美丽的地方、那些可爱的人。

除了这些，我还学到了很多有用的生活中的环保知识，如不乱扔垃圾、将垃圾放到指定的垃圾箱内；不要浪费，包括不浪费一张纸、一滴水、一分钱。少用塑料袋，要多使用可再生利用的用品，减少白色污染。"不积跬步，无以至千里；不积小流，无以成江海"。为了保护好我们的绿色家园，让我们从现在做起、从小事做起。

在社会实践中，我才发现自己的许多不足，如胆小、不善交际、社会经验不足等。回到校园的我们，应更加抓紧时间学习，用知识充实自己，不断锻炼自己，在实践中寻找社会经验，使自己能更好地融入社会。我们不仅要读书，更要将知识用到生活中，在不断的实践中丰富阅历，更好地了解生命、了解社会。

"纸上得来终觉浅，绝知此事要躬行。"那次活动让我深刻地体会到如今环境问题的严重程度早已超乎我的想象，保护环境的重要性日益凸显。我们应该找到理论与实际的最佳结合点——社会实践，用实际行动来保护环境，而不是光靠口头上的口号。

一方面，社会实践让我们锻炼自己、增长才干、磨炼意志。另一方面，也让我们检验自己、反省自己、找出缺点、不断改进，变得更优秀。一起去社会实践吧，去看看另一个世界，活出有意义的人生。

54

榜　样

阆中市天宫乡中心学校　刘佳

一寸光阴一寸金，寸金难买寸光阴。在那次大学生志愿者环保科普暑假活动中，我学到了保护环境的重要性和垃圾应该怎样分类。

下面介绍一下我的小分队吧。张赖敏姐姐是我们的队长，她非常亲切。谢双琴姐姐非常活跃，很会跳舞，而且长得非常好看。苏兴玲姐姐很搞笑，但她讲课非常好。我还记得我们第一次出学校实践时，她们都勇敢地与人交流。我却在一旁看着她们，不敢与旁人交流。在最后的时间里，她们都让我去完成。我多次心理斗争后，终于迈出第一步，结果我顺利完成了活动，我们愉快地回家了。

那是我第一次当小助手，心里既激动又紧张，又有点害怕，是哥哥姐姐给我打油加气，让我尝试去做。他们说每个人都有第一次，做错了也没有关系。我非常感谢哥哥姐姐对我的鼓励，因为我第一次尝试画真实的事物，所以很困难。姐姐耐心地教我画画，我的心情也好了很多。姐姐一笔一画地教我。经过不断地努力学习，我的绘画能力也有了提高。经过几天的了解，我和哥哥姐姐也更加熟悉了，关系变得更好了，经常一起说说笑笑，很开心。哥哥非常幽默，简直就是我们小分队的开心果。

第二天是我带着哥哥姐姐下乡做采访，开始时气氛有点安静，在回去的途中我们却聊得来，而且都是四川的，不用全程讲普通话。我们遇到了许多有趣的事，比如采荷花、采莲子、抓螃蟹。午休后就写作业。我们的一天过得非常快乐，也非常地快。第三天，我们主要是排练话剧，下午姐姐们跟着我们上了一堂课。我们晚饭吃完后，老师主要带我们去散步，我们一路上拍照，消磨了很长时间。

在之后的活动中，我们还讲到了生物多样性。在苏姐姐的讲解下，我明白了有许多生物和生活环境正在被人类破坏。就连北极熊都跑到了人类扔垃圾的地方寻找食物。从那个课堂中，我学到了人类应当保护环境、保护生物多样性。我们和其他小分队还演了一个话剧，我们一起合作排练、背台词，我们去了博物馆表演。在面对许多人时，我们都鼓起了勇气，竭尽全力地去表演。那次活动锻炼了我们的表演能力和勇气。当然，我们在与哥哥姐姐的交流中，明白了大学的生活。

那次暑假社会实践活动虽然时间不长，但事情也不少，其中让我印象深刻的事也不少。在实践活动中，体会到哥哥姐姐的辛苦。他们每天都计划第二天的行动、准备工具，还要想着大家的安全。可惜时间不等人，希望以后还能见到他们。

从哥哥姐姐身上学到很多东西，他们是我的榜样，他们是我人生的小目标。朝着你们奔去，成为你们！

55

成 长

阆中市天宫乡中心学校　缪琳琳

初次与小分队的队员见面是在 7 月 15 日那一天，我们从不熟悉到彼此熟悉。在那几天里，我们经历了很多。时间从未对我们温柔过。而一转眼，我们就要分开啦。所以现在就来谈谈我们的经历。

我们分了八个小分队，我们这个小分队是做植物调查的，我们小分队有四人：我、碧琳姐、敏锐姐、蒋银川。

第一天，虽然天气非常糟糕，但是我们也学到了很多知识。出门时，碧琳姐给我买了一把伞，我们去买了 20 米的针线，然后到游客中心的桥对面。我们先把线拉在植物上面，接下来就开始分工合作。蒋银川用手机识别植物，碧琳姐负责记录，而我负责给碧琳姐打伞，敏锐姐就负责给我们拍照、拍视频。我们就为一个目标——做好自己的本职工作。

时间从我们脚边溜走，即使我们从小腿以上都湿透了，但我们也继续工作，而我对那些植物的认识程度也逐渐加深。我发现那里有很多植物都是菊科的。第二天，我们也是那样做的。有所改变的是，我们自己的本性也就释放出来了。

第三天，我们去农博馆表演话剧，并且参观了解农作物工具。我们还在那儿碰到了邓鑫宇，他和很多小朋友在那里画画，直到他们画完了，我们才给小朋友们表演话剧。我演的是小猪，引得他们哈哈大笑。当时是一个姐姐带一个小朋友，带我的姐姐叫谢双琴，就是那个跳舞特别好的姐姐，她一直在告诉我要勇敢和自信。

第四天，老天没下雨。我们一路给别人宣传保护环境，一路找不认识的植物。哥哥教我怎样查询植物，碧琳姐教我怎样记录。我整个上午一会儿查询植物，一会儿记录植物，过得非常充实。

第五天和第六天，我们都和以前一样，还拍了有水声的视频。第六天，我差点把他们带迷路了。碧琳姐还帮敏锐姐拍了她踩水的视频。姐姐一路上都在说蒋银川是"乌鸦嘴"，总觉得他好可怜。而快乐的每一天都在我们的欢笑中过去了。

最后一天和他们一起做任务，我其实还是不舍得。和他们在一起，我学到了自信、勇气、知识，希望我们还有下一次合作的机会。我还想和他们在一起，学到更多的东西。我们在一起笑过、埋怨过、争执过，我想这一切的一切都会成为我们最亲切的怀念。希望还能遇见他们。

56

我的第一次社会实践活动

阆中市天宫乡中心学校　缪阳

在激情四射的暑假里，从 7 月 15 日至 20 日，我参与了环保科普社会实践活动，那是我第一次参加这样的活动！虽然烈日炎炎，但是心中的喜悦和激动不曾间断！

在那次社会实践活动中，我和西华师范大学的哥哥姐姐们组成了生态笔记小分队，我是生态笔记小分队的小助手，主要负责去荷花池观察植物、做生态笔记和绘图。让我来给大家分享一下我那几天社会实践活动的经历吧！

在和哥哥姐姐们去荷花池考察的途中，我认识了许多植物。令人印象深刻的就是香蒲了，先给大家简单介绍一下香蒲吧！香蒲是被子植物，一般生长在水里和沼泽地里。香蒲喜欢高温、湿润气候，叶片一般长一两米，光滑无毛。香蒲根系发达，与水葱搭配有利于净化水质。此外，香蒲还可以控制水土流失。不仅如此，香蒲的花粉可入药、叶片可用于编织和造纸，是重要的经济植物之一。

从不曾想过，原来这些普通的绿油油的植物，有那么多的知识可以让我们去认识和学习。平日里，我偶尔会好奇地观察这些充满生机的植物，但是却甚少去了解这些植物有些什么习性特点和生态作用，只是简单地从外观去认识它们。而有了那次活动的经历，真是颇让我长了一番见识。

由于是第一次参加社会实践活动，也是第一次给那些从大学里来的哥哥姐姐们担任小助手，因而我的内心既激动又紧张，还略微有点害怕，幸好有哥哥姐姐们给我打油加气，让我慢慢地尝试着去做。哥哥姐姐们对我说："不论做什么事情，每个人都有第一次。要有勇气，大胆去尝试，即使做错了也没有关系，我们也可以汲取经验再尝试。加油！你可以的！"我听后非常受鼓舞，由衷感谢哥哥姐姐们对我的鼓励。

相对而言，做生态笔记这件事是比较简单的，但是进行植物绘图就不太容易了。而我原来是不太会画画的，更不用说对着植物写实绘画了。尽管我第一次尝试画这些可爱的植物时过程有些困难，但是在哥哥姐姐们一笔一画的耐心指导和帮助下，我画画时的心情缓和了许多。我仔细地听哥哥姐姐们的指导，不断地努力学习和练习，令我开心和骄傲的是我的画技有了很大提高！基本能够做到把一些植物简单写实地绘画下啦！

经过几天的相互认识和了解，我和哥哥姐姐们的关系变得更加融洽，大家也更加熟悉了。大家在活动中一起说说笑笑，特别开心。其中的一位哥哥非常幽默，简直就是我们小分队的开心果，活跃了小分队的气氛。

快乐的时光总是匆匆流逝，实践活动很快就结束了，那么快就要和哥哥姐姐们道一声离别了。哥哥姐姐们，愿你们一切顺利！送一声祝福，愿你们前程似锦！

感谢老师给了我机会，让我学习了许多知识，自己也变得更加勇敢！感谢老师那几天的照顾，您辛苦了！谢谢您！

57

环保科普宣传——我们在行动

阆中市天宫乡中心学校　唐艺嘉

7月15日至20日，西华师范大学环境科学与工程学院在天宫乡中心学校举行了"携环保新风，绘美丽天宫"的社会实践活动。我们是活动的小导游，负责带着参加实践活动的哥哥姐姐们进行实地调查。短短的六天时光，让我记忆犹新。

第一天，我有些后悔参加活动。为了准备隆重的开幕式，我市环保单位的领导、西华师范大学的老师和哥哥姐姐们都很忙碌，但我们有点无聊，觉得空耗了时间。所幸，忙碌之余的哥哥姐姐们和我们有了短暂的交流和对话，我们也知道了接下来的几天中自己应该干的工作。

第二天，我们带着哥哥姐姐下乡去做采访，下乡的路上气氛有点沉闷，一路上安静得只听见我们的脚步声……回校的路上，因为一天的相处，我们变得熟稔，话也多了起来。途中遇到了许多有趣的事，路过一片荷塘的时候，我们去采荷花、莲子，哥哥姐姐们还给我们普及了荷花的知识。首先是荷花的别名及其出处，比如"荷花"出自《诗经》、"芙蕖"出自《尔雅》、"芙蓉"出自《离骚》、"水芝"出自《本草经》、"君子花"出自北宋周敦颐的《爱莲说》，还有"六月花"出自《类腋辑览》……关于莲的名字及出处，学识渊博的哥哥姐姐还说了很多，可是我能记住的大概只有这些了。其次，哥哥姐姐还介绍了莲属植物在世界上仅有两种，一为中国莲，二为美国莲；二者的区别在于中国莲多数植株高大，尚有复瓣、重瓣、重台、千瓣等花型，花柄、叶柄均有倒刚刺，花红色至白色，而美国莲植株矮小，叶近圆形，深绿色，花仅见单瓣型，黄色，花柄、叶柄无倒刚刺。听完哥哥姐姐的介绍，瞬间崇拜之感油然而生。我们还吟咏了许多关于莲花的诗词……我想，我一定要好好努力，丰富自己的知识，让自己也足够优秀。那一天，我过得很快乐！

第三天是排练话剧。我们表演各种小动物，在林间自由快乐地奔跑，我知道这是哥哥姐姐们实践活动要表达的主题——环保。我们都很积极、用心地反复进行排练。晚饭后，老师带着我们去散步，一路聊天、拍照，真是美丽的傍晚时光。那一天，累并快乐着！

第四天，早饭后，我们到了农博馆表演话剧。音乐响起，我们瞬间就是几只活泼可爱的小兔子、长颈鹿、梅花鹿、小猴子……我们在草地上、溪水边自由地嬉戏、玩耍。短短几分钟，我们演绎出了美丽生灵与大自然的完美融合。那一天，表演的激情一直带动着我们的情绪，我们开始关注自然、关爱生命。

第五天，由于下雨，我们没有外出，哥哥姐姐们在辅导室里，给我们讲解环保科普知识——禁止焚烧秸秆、爱护各种植物、保护小动物等。我想以后的生活中，我会主动积极地进行环保宣传，并身体力行地爱护环境。那六天，西华师范大学的哥哥姐姐们用他们的亲身实践给我们上了生动的一课，保护环境，应从我做起，从身边的小事做起！

"携环保新风，绘美丽天宫"，感恩各界人士对天宫环境的关注，感恩西华师范大学哥哥姐姐们的亲身实践，为我们美丽的天宫贡献自己的爱心！

(58)

七月的风雨阳光

阆中市天宫乡中心学校　赵琦美

　　2019年暑假的那一周，我相信将会是我终生难忘的记忆。在那一周，我也了解了许多。那七天里，我有开心、紧张、烦恼、悲伤等片片记忆。

　　第一天，我们八位同学都到了学校。在那之前我很兴奋，而且激动，之前没有想到的是我们能来参加那次活动，一大早就让我们八位同学和其他几位同学去抬桌子，而且是100个，就让我瞬间惊呆，而且叹气。但是经过大家的努力，虽然我们流了许多汗、跑了许多趟，但最终我们将这项任务完成。当时我就想到刚来就给我们这么大的下马威，后面的日子该怎么办？

　　在忙碌过后，我们所有同学和大学生哥哥姐姐到了会议室，各自介绍了自己，就这样我们有了初步了解。中午我们吃完饭，午睡了一会儿，下午我们八位同学到了学校的留守儿童之家。在桌子上做了两个小时的作业，这是我们每天的规定动作。大学生们分了八个小分队，我们每个人跟一个小分队。先是大家积极主动地选好了各自喜欢的小分队。我心里想的是，不管什么小分队，我只要能学到一些知识就好。因为大家先选完自己的队伍，我就去了最后一个小分队。我的队长给我的印象是内敛害羞，他的名字叫李勇。然后我看见了另外两名队员，一名叫李洪，她给我的印象是外向、开朗、热情，因为我和她差不多，所以和大家都能聊得来。最后一位，我和他可能有一些误解，他叫袁浩，因为历史上有一位大夏皇帝叫元昊，我一直叫他这个名字，直到倒数第二天夜晚我才真正知道他的名字。就因为这个"元昊"，我还做了许多让他尴尬的事，现在想想有些愧疚，又有些搞笑。他给我的印象是幽默，时而开朗，时而沉默。差点忘了，我们是生态环境监测小分队。

第二天早晨下着很大的雨，我们出去找一些指示性植物和测声调查。然后找到了几种不认识的植物，哥哥姐姐们主要还是找苔藓观察。过后我们去了五龙村，我们走小路，一路上都在下雨，就在还差三分之一的路就要到达时，突然来了一场大雨，我们小分队的两位哥哥要求回去，就这样，他们就遗憾地没有去过五龙村。回到学校，同学们都是干干的，而我们这一队全都湿透了，不过我们特别开心。直到第五天，那又是一个值得记住的日子。那天我们突破了那么多天的路程，我们走了14 000多步呢。那天是我们小分队最骄傲的一天，因为我们发了许多关于环境植物的宣传手册。最后，我们小分队沿着大路，伴着青山绿水、鸟语花香，放着摇滚音乐、哼着歌儿，开心地回到了学校。

第六天是我和哥哥姐姐们待过的最后一个完整的天，他们第二天就要走了，我心里感觉像刀割了一下，急切地想留住一切关于他们的任何事物，但结果是脑海中的片片回忆罢了。我忍不住想哭，但我强忍着，因为我知道我不能哭，最后一天我要用最快乐的笑容和他们度过，我不想把情绪带给他们，所以一直想着开心的事。最后一个夜晚，学校做了一桌非常丰盛的晚餐，我和我的朋友缪阳特别喜欢"元昊"哥哥，我们在饭桌上给他劝了许多酒，原来哥哥的酒量真的很大，我知道他的一个秘密，你们想知道吗？就不告诉你们，不然怎么是秘密呢，我们度过了一段愉快的晚餐。

第七天是我们所有人相处的最后一天，在那天上午，我们所有人承受了太多情绪，有欢笑、有泪水，有祝愿、有留念等，情绪再怎么不舍，现实终将把大家分开，并不会同情一丝一毫，我们只能在心里默默许愿在多久以后再次相见。当上午所有节目表演完，我们在一起吃了午餐，然后大家都依依不舍地分开了，每个人的告别和祝福让我们热泪盈眶，就这样大家分别了。那七天也圆满结束，而我们各自带着收获，有开心、有伤心的心情回到了家。

在那七天里，我学到了太多，每天下午姐姐们讲的小课堂，让我懂得了保护环境、关爱小动物、了解动植物的重要性。在这里，我先感谢姐姐们给我带来的知识收获。在那七天的接触中，我从语文老师赵飞老师那里学习方法和关于人生的道理，我们一起出去轧马路时那一页页的快乐，在这里，我感谢我的语文老师。

在那七天中，虽然我的班主任赵老师没有天天陪伴我们，但他每天都在关注我们，他是我的数学老师和历史老师，也是我们的人生朋友。在我每次失落和学习上遇到困难时，是赵老师的一句心灵鸡汤开导了我。在这里，我感谢赵老师的话让我终生难忘、受益匪浅。也感谢赵老师把活动名额给我，让我在活动中经历了许多，感谢赵老师。

在这里，我还要对我们小分队说，谢谢你们，你们给我带来了太多知识，尤其是袁浩，希望你不忘初心，一直做一位幽默的男孩。以后有机会我还要和你们一起了解更多植物和学习知识，谢谢你们七天中给我带来的一切。最后，我更要感谢我的学校，让我有机会学习知识，让我们的学校变得绚丽多彩。在这里，我发自内心地真挚感谢，谢谢我的学校。我爱我的小分队，爱我的老师们，爱我的学校，爱健康的大自然，爱知识广阔的大千世界。

►►► 媒体报道

㊿

西华师范大学
"千乡万村环保科普行动"起航

　　7月8日上午9时，西华师范大学2015年"大学生志愿者千乡万村环保科普行动"开幕式在南充市顺庆区新复乡小学举行。西华师范大学环境科学与工程学院负责同志、新复乡有关方面负责同志、西华师范大学大学生志愿者、新复乡小学师生及村民参加了开幕式。环境科学与工程学院院长黎云祥为此次活动致辞。他说，此次活动的目的在于贯彻落实习近平总书记五四重要讲话精神，组织引导青年大学生深入农村接受锻炼，培养大学生吃苦耐劳、无私奉献的精神，同时提升乡民的环保意识。通过这些活动，向大家普及环保、健康、安全的生活方式。环境科学与工程学院党委副书记廖运文代表学院向新复乡小学赠送"流动环保书架"1个和环保科普图书100册。环境教育协会指导教师李友平希望志愿者们珍惜机会、接受锻炼，走入每一位村民的家中和他们聊环保，践行绿色生活，共建美丽乡村。

　　新复乡乡长蔡强对此次环保科普活动选择新复乡表示感谢，并预祝此次活动取得圆满成功。新复乡小学校长杜彬感谢环保科普活动在新复乡小学举行，一定做好后勤保障工作，并号召全校师生环境保护从小事做起。

　　西华师范大学魔术协会的志愿者们通过"纸屑变纸条""废纸变钱"的魔术表演向公众宣传环保的理念。志愿者们通过 $PM_{2.5}$ 现场监测实验展示，让公众认识到空气中有很多肉眼看不到的污染物值得我们关注，从而自觉地保护大气环境。

　　据悉，2015年"大学生志愿者千乡万村环保科普行动"是由中国环境科学学会主办、四川省环境科学学会联办的全国大型农村环保科普公益活动，已连续开展13年，四川省是第一次开展此类活动。西华师范大学开展的这次环保科普行动将持续一周，其间志愿者们将进村入户宣传环保并进行环保问卷调查，组织小朋友参加环保手工艺品比赛和环保绘画比赛等活动。为了更好地开展环保科普活动，使此次活动收到实效，6月30日下午，环境教育协会指导教师李友平为新复乡小学学生做了两场环保科普讲座。讲座分为播放《巧用秸秆利环保》环保微电影、有奖环保知识问答和环保倡议三个部分，既直观地、生动地宣传了农村环保，又为环保科普行动做了动员。《南充日报》《南充晚报》对本次活动予以了关注。

（摘自"中国高校之窗"）

60

西华师范大学
"千乡万村环保科普行动"圆满结束

7月13日8:30,西华师范大学2015年"大学生志愿者千乡万村环保科普行动"闭幕式在南充市顺庆区新复乡小学顺利举行。新复乡小学副校长唐先强、任吉明,西华师范大学环境科学与工程学院团总支杨艳、环境教育协会指导教师李友平,36名大学生志愿者和新复乡200多名村民参加了此次活动。

闭幕式上,大学生志愿者和儿童一起表演了诗歌朗诵、歌曲、舞蹈、环保时装秀和"环保蹲"游戏,大家在活动中感受环保和学习环保。同时,由大学生志愿者指导、儿童精心完成的环保画、环保手工艺品也在现场展出。据统计,现场共有环保绘画50份、环保手工艺品13件、环保服装12套,评选出30份优秀作品并授予儿童"环保小卫士"称号。

此次环保科普活动从申报、准备到实施,历时三个月。活动以中小学生为主线,通过环境教育协会志愿者进村入户,与他们交流、一起开展环保活动,使他们深刻认识到当前环境污染的严重性,立志做"环保小卫士",守护共同的地球家园。

据悉,西华师范大学环境教育协会36名志愿者于7月8日至12日进村入户宣传环保知识、了解当地环境状况和关爱儿童、妇女、老人。大学生志愿者共走访10个村庄300多户,发放调查问卷和环保科普基地宣传手册各320份、环保科普宣传挂历170份。在做好现场环保科普宣传的同时，通过西华师范大学环境教育协会 QQ 群、微博和微信网络平台，广泛宣传环保，并获得了中国环保科普资源网、四川新闻网、四川省环保厅官方微博、《南充日报》等媒体的广泛关注。活动结束后，大学生志愿者表示，此次活动很锻炼人，不仅增强了自己的环保意识和与人沟通的能力，而且很好地宣传了环保知识，是一次非常难忘和有意义的暑期社会实践。新复乡村民则表示，以前的确没有认识到环保问题的严重性，通过大学生志愿者们的讲解，认识到了自己的有些行为不环保，在今后的生活和生产中一定注意保护环境，共建美丽乡村。

（摘自"中国高校之窗"）

（61）

西华师范大学 2016 年
"千乡万村环保科普行动"在城南镇启动

7月8日上午8时，西华师范大学2016年"大学生志愿者千乡万村环保科普行动"开幕式在南充市营山县城南二小举行。参加此次开幕式的有营山县政府及县教育局、环保局、团委、妇联、发改局、农牧局等部门领导，城南镇党委、政府领导及各村干部、村民代表，金华希望学校和城南二小师生与家长代表，西华师范大学大学生志愿者共500余人。四川新闻网、《南充日报》、《南充晚报》、南充电视台等媒体应邀参加。

开幕式由城南镇副镇长冉崇高主持。营山县副县长杨素梅为开幕式致辞，她讲到营山县正在创建"国家卫生县城"和"省级园林县城"，"千乡万村环保科普行动"在营山县开展恰逢其时。西华师范大学环境科学与工程学院党委书记廖运文感谢营山县各级部门，城南镇党委、政府，金华希望学校和城南二小的大力协助，希望同学们接受锻炼，收获快乐，普及环保！城南镇党委书记杨红瑛欢迎西华师范大学在城南镇各村开展环保科普活动，将全力支持此次活动，确保顺利开展。

为了长期开展环境教育与科普，廖运文书记向城南二小张翼校长赠送了1个"流动环保书架"及100本环保科普图书，希望小书架传递大环保，为学校留下环保的精神食粮。随后，大学生志愿者通过精美的环保时装秀、精彩的魔术表演及《明天会更好》合唱来呼吁大家从我做起、从小事做起、从现在做起保护环境。

开幕式结束后，在指导老师李友平、唐娅、杨艳和有你有我绿色小分队的带领下开展了徒步行走，旨在践行绿色生活。今天的开幕式圆满结束，但是城南镇环保科普行动才刚刚开始，相信在三位指导老师的带领下，在城南镇党委、政府和城南二小的大力支持下，在广大村民的积极配合下，在 36 名大学生志愿者的共同努力下，此次"大学生志愿者千乡万村环保科普行动"一定会取得圆满成功！

据西华师范大学环境科学与工程学院副院长、环境教育与科普基地主任李友平介绍，学院非常重视，把"千乡万村环保科普行动"作为一项重要工作来抓。今年"千乡万村环保科普行动"在延续去年以中小学为大本营、乡或镇行政村全覆盖、开幕式及闭幕式、流动环保书架、环保课堂等内容和形式的基础上，大学生志愿者招募面广人多、新增两名指导教师、增设六支小分队、当地的大力支持、公司企业赞助、中小学志愿者全程参与等都会成为今年的特色。

（摘自四川新闻网环保频道）

62

西华师范大学
2016年"千乡万村环保科普行动"圆满落幕

作为四川省2016年"大学生志愿者千乡万村环保科普行动"的参与学校之一，西华师范大学在南充市营山县城南镇开展了为期一周的活动。7月13日，学校在该镇大礼堂举行了闭幕式，这标志着西华师范大学"千乡万村环保科普行动"圆满结束。

上午8：30，闭幕式正式开始。西华师范大学李友平、唐娅、杨艳、朱晓华4名指导教师及36名大学生志愿者与营山县城南二小、金华希望学校的指导老师及小志愿者，营山县环保局、教育局等部门领导，城南镇各级领导干部和村民代表共近500人参加了本次闭幕式。会上，营山县教育局、城南镇党委的领导对本次活动给予了充分肯定和高度评价，并对活动中表现突出的优秀志愿者、优秀指导教师、优秀志愿者家庭进行了表彰。

"这一次我们志愿者的选拔非常踊跃，涉及全校各个学院。"西华师范大学环境科学与工程学院副院长、环境教育与科普基地主任李友平向四川新闻网记者介绍道：全校有125人参加面试，最终36人入选，包括1名研究生。李友平表示，自己与其他3名指导教师从活动方案制定和细化、乡村的确定、启动仪式、食宿安排到环保科普行动开展、闭幕式举行全过程参与，24小时陪同。

活动中，城南二小164人次、金华希望学校3 120人次参与，其中有很多小志愿者、中小学教师和学生家长，他们不仅学习环保，还积极宣传、践行环保。

李友平表示，这次活动中，志愿者们走进了城南镇文峰村、火烽村、前进村、走马村、云雾村、光荣村等 11 个村庄，走访村民近 300 户，在村委会集中宣传 3 次。张贴农药、化肥宣传海报 120 套，发放环境教育与科普基地手册 500 余份，赠送节能灯泡 300 只、环保挂历 300 余份，填写调查问卷 528 份。

闭幕式上，来自城南二小、金华希望学校的小志愿者与西华师范大学的大学生志愿者们进行了文艺汇演：体操表演《绿色中国》、朗诵《爱环境，志环保》、情景剧。

据了解，今年的"千乡万村环保科普行动"虽然结束了，但是西华师范大学每年的 1 月 1 日环保法律法规宣传、4 月 22 日世界地球日宣传活动、6 月 5 日世界环境日宣传活动、9 月 22 日世界无车日活动、"校园垃圾分类银行"、四川省环保科普创意大赛、四川省美境行动骨干教师培训、四川省环境教育"1+N"项目等内容丰富、形式多样的环境教育与科普活动仍将继续。"我们希望形成人人、时时、处处宣传环保，宣传绿色发展理念，践行绿色生活的良好氛围，携手共创天蓝地绿水清。"李友平说道。

（摘自四川新闻网环保频道）

⑥③
南充西华师大
学生到蓬安县杨家镇开展环保科普行动

　　7月13日上午8点，西华师范大学环境科学与工程学院在南充市蓬安县杨家镇小学举行2017年"大学生志愿者千乡万村环保科普行动"开幕式。环境科学与工程学院副院长、环境科普基地主任李友平，杨家镇镇长刘禅、副镇长祝红波，杨家镇小学副校长刘涛，以及带队老师朱晓华作为嘉宾出席此次开幕式。杨家镇乡镇干部、杨家镇居民等近100人到场。

　　开幕式以环保时装秀拉开帷幕，志愿者用废旧的蚊帐、雨伞等制成的衣服，以最直观的形式向观众展示环保理念。

　　开幕式上，李友平致辞，他总结了前两届环保科普活动取得的成就，并对给予此次活动帮助的所有领导、政府部门、带队老师以及志愿者同学们致以衷心的感谢。李友平说，志愿者们应高度重视此次活动，积极准备，努力做好环保知识宣传，在增强当地人的环保意识的同时，希望志愿者们能有所学、有所收获。

　　祝红波对参加此次环保科普行动的志愿者表示欢迎，他以《国民经济与社会发展第十三个五年规划纲要》中生态文明建设任务目标为切入点，讲述了农村环境保护在经济和社会发展中的重要地位，从而引出农村环保科普的重要性。祝红波希望通过此次环保科普行动，能将环保知识更加全面、深入、通俗易懂地传递给全镇群众。

　　学生代表赵陈慧发言，她对此次环保科普活动内容进行了简要叙述，并代表志愿者宣誓，将严格要求自己，遵守服务守则，牢记行为规范，掌握服务技能，弘扬志愿精神，展示当代大学生的亮丽风采，树立西华师范大学的良好形象，为构筑和谐环保社会贡献自己的力量。

开幕式在合唱《我相信》的歌声中落下帷幕。在节目表演期间，各个环保科普活动小分队在台下设立分会场，进行环保成品展示。

据悉，本次环保科普行动为期 7 天，以问卷调查、环保课堂、环保知识竞赛等活动形式开展，将覆盖蓬安县杨家镇 14 个村庄。

（摘自中国网）

（64）

西华师范大学 2017 年"大学生志愿者千乡万村环保科普行动"圆满落幕

7月17日8点半，西华师范大学2017年"大学生志愿者千乡万村环保科普行动"在南充市蓬安县杨家镇小学举行闭幕式。杨家镇副镇长杜小飞、环境科学与工程学院副院长及环境教育与科普基地主任李友平、指导教师朱晓华、杨家镇小学教师代表、50 余名村民及孩子和 36 名志愿者到场观看。

杜小飞为闭幕式致辞。他谈道："志愿者在杨家镇做的环保宣传是非常有用的，感谢西华师范大学的所有师生。"他希望全体杨家镇人都可以在此次环保科普活动中获益，并能够利用所学付诸实践。

志愿者代表张萍发言。她从活动的准备、实践与成果三个方面做出总结。同时，她对杨家镇所有居民的配合表示感谢，表示志愿者们可以增强专业知识，从而做得更好。随后，西华师范大学环境教育与科普基地与杨家镇小学授牌仪式在现场举行。

闭幕式中，36 名志愿者为活动献上歌舞表演。节目形式多种多样，包括合唱、朗诵、舞蹈、手语舞等，其中环境监测小分队带来的《咋了爸爸》获得了观众的一致赞赏。杨家镇居民与志愿者其乐融融，此次环保科普活动在《再见》悠扬的合唱声中落下帷幕。

据悉，此次环保科普活动从前期准备到活动结束为期两个月。

（摘自"大学生网报"）

㉕

环保科普在行动　西华师大学子进乡村

7月16日上午，2018年四川省"大学生志愿者千乡万村环保科普行动"启动仪式在马鞍中学隆重举行。

启动仪式上，西华师范大学志愿者的环保时装秀为本次环保科普行动拉开了帷幕。随后，仪陇县教育局副局长黎万俊作了致辞，西华师范大学的志愿者代表曾超宣读了倡议书，西华师范大学环境科学与工程学院院长黎云祥代表学校向马鞍中学赠送了装有100册环保图书的"流动环保书架"。

据了解，马鞍镇是此次西华师范大学暑期社会实践点，马鞍中学、马鞍镇管辖的村以及街道是环保宣传重点服务点。环保科普行动小分队包括环境教育、环境监测、环境调查、环保科普、生态农业、绿色心田等6个小分队。他们将环保知识送进朱德故里，为当地群众进行深入的讲解与宣传，让群众也有机会接触到环保技术与适合农村的节能措施，切实为群众办实事。

据悉，此次活动由中国环境科学学会主办，四川省环境科学学会执行，共青团西华师范大学委员会承办，朱德故居管理局、仪陇县教育局、仪陇县环境保护局、马鞍镇政府及马鞍中学协办。

（仪陇新闻网）

66

"千乡万村"在马鞍 | 环保科普活动收官？
西华师大：更是开始

　　环保科普永远在路上。7月21日，在2018年西华师范大学"大学生志愿者千乡万村环保科普行动"闭幕式上，"这一周，我们主要在城镇街道、朱德故里、玉兰村、方坝村、永安社区等村社开展了形式多样的活动，科普范围遍及了16个村社……"志愿者曾超如是说。那么在仪陇县马鞍镇的环保科普活动就此收官了？其实不然，在马鞍中学礼堂里，还有一个声音响起来："马鞍中学正式成为西华师范大学环境教育基地，成为四川环境教育'1+N'联盟成员。"所以，这更是开始。

　　马鞍中学成为环境教育基地。西华师范大学环境科学与工程学院副院长、环境教育中心主任李友平介绍到，"今次科普活动正是响应中国环境科学学会和四川省环境科学学会的号召率先落地的行动。"说到行动本身，他说："在马鞍切实营造生态文明建设的浓厚氛围，促进村民养成有益于环境保护的行为习惯和生活方式，这是我们这次行动目的所在。"李友平更表示，"希望环保科普的种子在马鞍生根发芽，希望中小学生热爱环保、践行环保、报考环境专业。为了感谢马鞍中学，更为了让环保科普在马鞍中学持续大传播，马鞍中学正式成为西华师范大学环境教育基地，成为四川环境教育'1+N'联盟成员。"

　　七天的行动，志愿者们到底做了什么？作为今次行动的参与者，身为西华师大环境教育协会理事长的曾超还报告了整体情况。他介绍到，这次活动主题为"美丽乡村，我们在行动！"一共有 24 名志愿者参与活动，分为六个小分队，分别是环境教育、环境监测、环境调查、环保科普、生态农业、绿色心田，分别通过问卷调查、环保知识科普宣讲会、走访调查、录制环保视频、开展绿色论坛、环保课堂、广播环保之声、水样监测等丰富多样的活动形式来开展此次环保科普行动。"这一周，直接科普人数 824 人，其中分发问卷 173 份，分发环保宣传册 94 本、环保小扇子 130 把，张贴环保标语 41 张，开展集中环保宣讲会两次，组织绿色论坛一次，进行广播环保之声两次，开展监测水样等活动。"

七天更是开始，环保大传播还在进行中。今次行动"针对当地的中小学生、乡镇领导以及乡村干部、普通群众等环保意识相对较弱的人群开展行动"，西华师范大学环境教育中心副主任唐娅告诉记者，"通过多种形式的环保科普，有 5 000 人次直接或间接接受环保科普，新闻报道转载 32 次，微博阅读量突破 10 万人次。锻炼学生、传播环保的'千乡万村环保科普行动'明年将在南充市阆中市继续。"

凡是过往，皆是序曲，环保科普永远在路上。最后，在改编自《童年》的环保之歌和体现爱国情怀的手语歌《国家》的演绎中，闭幕式结束。据悉，连年来，四川省一直开展"千乡万村环保科普行动"。2018 年，四川省环境科学学会更组织了 6 家单位开展行动，持续开展环保大传播。

（摘自四川新闻网环保频道）

⑥⑦

2019 年四川省
"大学生在行动环保科普活动"在阆中启动

　　7月15日上午，2019年四川省"大学生在行动环保科普活动"在阆中市天宫乡中心学校正式启动。四川省环境科学学会副会长陈维果，西华师范大学环境科学与工程学院院长黎云祥，天宫乡党委书记王毅，南充市阆中生态环境局副局长侯致远，阆中市教育科技和体育局党委委员、副局长陈开良等和西华师范大学志愿者师生一道参加了启动仪式。

　　陈维果在启动仪式上讲话。他对此次环保科普活动表示欢迎，希望通过此次环保科普活动，提高人们的环保意识，共同创建美丽和谐的生态环境。黎云祥在讲话中感谢各级党委、政府对此次活动的大力支持，并对参加此次活动的老师和志愿者表示感谢，希望他们积极准备，努力做好环保使者，并能在此次活动中有所收获。陈开良在讲话中说，感谢老师们和志愿者们的辛苦付出，希望通过此次活动能让环保理念深入人心，以进一步增强市民的环保意识。他表示，教科体局将全力支持此次活动，努力让活动收到实效。

　　参会领导向活动志愿者授旗。全体志愿者庄严宣誓，他们定当严格要求自己，遵守行为规范，弘扬志愿者精神，树立良好形象，为此次活动圆满成功贡献自己的力量。开幕式上，西华师范大学的志愿者们还展示了他们用废旧物品制成的各类服装，以时装秀的形式向大家宣传环保理念。

此次科普活动将持续一周的时间，二十多名志愿者将分成 8 个小组、深入天宫乡 8 个村开展环保科普宣传。

（摘自阆中市人民政府官网）

68

大学生在行动
阆中｜一支舞一首歌：再见天宫

　　一支手语舞《爱》拉开帷幕；一首《让中国更美丽》唱出大家将生态环保践行到底的决心；"天宫，再见！"道出了所有志愿者的心声！2019年西华师范大学"大学生在行动环保科普活动"收官，7月20日9：30，该活动在四川省南充市阆中市天宫乡中心学校（简称天宫乡中心学校）举行闭幕式。一支手语舞《爱》拉开帷幕，志愿者们的演绎精彩不已，令现场100余名观众叹为观止。通过志愿者代表、环境教育协会团支书潘丽旭的现场总结，一句"你好，天宫；天宫，再见！"道尽所有志愿者的心声。

　　天宫乡中心学校成为西华师范大学环境教育基地，8名小朋友获表彰。鉴于天宫乡中心学校在这次活动中的积极表现，通过"西华师范大学环境教育基地"的授牌仪式，希望该校能主动、用心、持续开展环境教育与科普。天宫乡中心学校教师杨明清、赵李萍，西华师范大学环境教育中心副主任、环境教育协会指导教师唐娅为社会实践中表现优异的8名小朋友颁发奖状。

　　载歌载舞，为他们的天宫之旅画上完美的句号。环境与健康、绿野仙踪、生态环境教育、生态环境监测、生态调查、生态农业、绿色科普、生态笔记8支小分队带来形式各样的节目。一首《让中国更美丽》唱出大家将生态环保践行到底的决心；由天宫乡中心学校8名小朋友带来的话剧

237

《国王的忏悔》，从保护生物多样性的角度展开故事，引发大家深深思考的同时也带来了感动，直指主题"保护生物多样性"，就是保护我们人类自己。

据悉，本次"大学生在行动环保科普活动"走访 500 多名村民，完成调查问卷 300 余份，发放宣传手册、环保科普资料 1 500 余份，通过走访、发放问卷、中小学生跟队学习、环保课堂、舞蹈、绘画、广播、监测等形式开展环保科普，引起社会较大反响。四川新闻网、四川省生态环境厅官网、阆中市人民政府官网、西华师范大学官网等相关报道 30 余篇，西华师范大学环境教育中心"2019 年大学生在行动环保科普"微博话题阅读量也达 13 万人次。

（摘自四川新闻网环保频道）

▶▶▶ 附 录

"千乡万村环保科普行动"大学生志愿者名单

2015 年

周铁梅	秦 媛	左艾莉	李 丹	方 静	陈 垚
谢林玲	李秋燊	黄韵卓	陈 越	李雅颖	邓利华
何 鑫	丁 嫄	胡晓翠	陈 钊	张春梅	梅 洁
付静群	邹 勤	郑佩玉	何 南	杜怡闻	李帅东
朱 羽	何雨静	罗淋云	孙光莲	李瑞丰	王梦君
曾 礼	曾和丽	张梦雨	范忠雨	刘慧芳	张钰芬

2016 年

罗 靖	王红燕	易 佩	马巧璐	陈 洁	杨 慧
郭信良	黄 兴	陈 翠	薛冬平	李梦雪	邓国钰
李 涛	骆云清	马 娇	段宇杰	陈凌源	刘 欢
付静群	龙凤侠	彭中敏	王小燕	陈嘉慧	沙马尔子
赵孟莹	李秋萍	张 萍	王 敏	刘 玥	蒲 敏
吴济佑	赵陈慧	董成芝	杨 雪	李杨霜	肖 甜

2017 年

陈凌源	周抑杨	颜 雯	易 佩	邓婧涵	彭于芮
刘朝荣	韩定美	欧景菡	马 静	陈卜军	王艺学
罗 敏	张义方	王晓茜	梁 鑫	曾 超	周真宇
何林玲	张 瑞	姜皓才	蒋 敏	王春莲	孙艺铭
石小琴	唐海波	陈诗源	杨清贤	邓力铭	王宝莎

| 覃海飞 | 张予豪 | 张　萍 | 赵陈慧 | 陈雯婧 | 王　梁 |

2018 年

曾　超	韩定美	蒋　敏	程政航	唐　敏	李孟林
达玉锋	林宇涛	周玉婷	王　梁	李佳莉	杨　棣
潘丽旭	幸华秀	杜长芬	刘　鑫	卿雨晴	曾　劼
赵度江	杜　黎	邓婧涵	李　敏	杨清贤	李　勇

2019 年

杜长芬	陈诗颖	陈　兰	王维甫	赖欣玥	梁振豪
张赖敏	谢双琴	苏兴玲	李　敏	褚　夕	刘雅琳
贾桂萍	周玉婷	青佳明	赵碧琳	蒋银川	赖敏锐
潘丽旭	王　可	周琦力	袁　浩	李　洪	李　勇

"千乡万村环保科普行动"荣誉榜

四川省环境科学学会颁发的荣誉

年份	获奖单位／个人	获奖名称
2015	西华师范大学环境教育协会	优秀社团
2015	西华师范大学新复乡环保科普行动实践队	优秀小分队
2015	西华师范大学李友平	优秀指导教师
2015	西华师范大学陈钊	优秀志愿者
2015	西华师范大学李帅东	优秀志愿者
2015	西华师范大学曾礼	优秀志愿者
2015	西华师范大学邹勤	优秀志愿者
2016	西华师范大学环境科学与工程学院	优秀组织单位
2016	西华师范大学生态农业小分队	优秀小分队
2016	西华师范大学节能小分队	优秀小分队
2016	西华师范大学青山绿水小分队	优秀小分队
2016	西华师范大学李杨霜	优秀志愿者
2017	西华师范大学环境教育中心	优秀组织单位
2017	西华师范大学环境教育协会	优秀环保社团
2017	西华师范大学环保教育小分队	优秀小分队
2017	西华师范大学绿色生活小分队	优秀小分队
2017	西华师范大学朱晓华	优秀指导教师
2017	西华师范大学张萍	优秀志愿者
2017	西华师范大学赵陈慧	优秀志愿者
2017	西华师范大学周抑杨	优秀志愿者
2017	西华师范大学黄文英	优秀志愿者
2017	西华师范大学邓力铭	优秀志愿者
2018	西华师范大学环境教育中心	优秀组织单位

续表

年份	获奖单位 / 个人	获奖名称
2018	西华师范大学环境科普小分队	优秀小分队
2018	西华师范大学生态农业小分队	优秀小分队
2018	西华师范大学唐娅	优秀指导教师
2018	西华师范大学曾超	优秀志愿者
2018	西华师范大学韩定美	优秀志愿者
2019	西华师范大学环境教育中心	优秀组织单位
2019	西华师范大学绿色科普小分队	优秀小分队
2019	西华师范大学生态环境教育小分队	优秀小分队
2019	西华师范大学唐娅	优秀指导教师
2019	西华师范大学杜长芬	优秀志愿者
2019	西华师范大学贾桂萍	优秀志愿者
2019	西华师范大学李勇	优秀志愿者
2019	西华师范大学赵碧琳	优秀志愿者

中国环境科学学会颁发的荣誉

年份	获奖单位 / 个人	获奖名称
2015	西华师范大学	优秀组织单位
2015	西华师范大学新复乡环保科普行动实践队	优秀小分队
2015	西华师范大学李友平	优秀指导教师
2016	西华师范大学环境科学与工程学院	优秀组织单位
2016	西华师范大学节能小分队	优秀小分队
2016	西华师范大学青山绿水小分队	优秀小分队
2016	西华师范大学生态农业小分队	优秀小分队
2016	西华师范大学罗靖	优秀志愿者
2016	西华师范大学吴济佑	优秀志愿者
2016	西华师范大学唐娅	优秀指导教师

续表

年份	获奖单位/个人	获奖名称
2017	西华师范大学张萍	十佳志愿者
2017	西华师范大学环境教育协会	优秀社团
2017	西华师范大学环保教育小分队	优秀小分队
2017	西华师范大学赵陈慧	优秀志愿者
2017	西华师范大学朱晓华	优秀指导教师
2018	西华师范大学环境教育小分队	示范小分队
2018	西华师范大学	优秀组织单位
2018	西华师范大学环境科普小分队	优秀小分队
2018	西华师范大学生态农业小分队	优秀小分队
2018	西华师范大学曾超	优秀志愿者
2018	西华师范大学韩定美	优秀志愿者
2018	西华师范大学李孟林	优秀志愿者
2018	西华师范大学唐娅	优秀指导教师
2019	西华师范大学潘丽旭	十佳志愿者
2019	西华师范大学	优秀组织单位
2019	西华师范大学环境教育协会	优秀社团
2019	西华师范大学环境与健康小分队	优秀小分队
2019	西华师范大学王维甫	优秀志愿者

西华师范大学环境教育中心

西华师范大学环境教育中心成立于 2010 年 9 月，旨在通过环境教育与科普，促进大中小学生养成自觉的生态环境保护习惯。先后被命名为"国家生态环境科普基地""川东北环境教育与科普基地""四川省中小学环境教育社会实践基地""四川省中小学生研学实践教育基地"。现有专兼职教师 10 名、环境教育协会志愿者 100 余名。建有污染防治实验室、生态环境教育馆、地理标本馆、生物标本馆、大气综合监测站 5 个校内生态环境科普点和污水处理厂、垃圾焚烧发电厂 2 个校外生态环境科普点。

定期在世界地球日（4 月 22 日）、全国科技活动周（5 月）、世界环境日（6 月 5 日）、大学生在行动环保科普活动周（7 月）、全国科普日（9 月）和世界环境教育日（10 月 14 日）开展环境教育与科普活动，长期开设生态环境课堂。已与 80 家中小学、生态环境单位共建环境教育基地，成立"四川环境教育 1+N 联盟"；搭建大学生环保科普创意大赛、中小学环境教育与科普教师培训、环境教育研讨会三个交流平台。建有"双微一群一网一手册六简报"传播渠道。

在《世界环境》等期刊上发表论文 10 篇；承担"中小学环境教育与科普教师培训"等项目 8 项；出版《小学环境教育学科同步渗透教学设计》等教材 2 部；"中小学幼儿园环境教育 1+N 模式"获四川省第六届普教成果三等奖。通过"请进来、走出去"，有超过 50 000 名大中小学生接受环境教育与科普，受到《中国环境报》等媒体关注，各类报道 100 多篇。获全国高校百强学生社团、全国"十二五"环保科普先进个人、全国十佳志愿者、四川省教育改革创新发展典型案例教师、四川省首届"十大绿色先锋"等荣誉 90 余项。

全体人员主动、用心、持续开展环境教育与科普，全力打造全国具有较大影响的环境教育中心，携手共创天蓝地绿水清！